# 人工林生态系统温室气体通量观测研究

孟 平 张劲松 同小娟 黄 辉 等 著

科学出版社
北京

## 内 容 简 介

本书依托河南小浪底森林生态系统国家野外科学观测研究站/黄河小浪底森林生态系统国家定位观测研究站，以栓皮栎-刺槐-侧柏人工混交林为对象，基于2006~2019年涡度相关法观测得到的冠层$CO_2$通量及$CH_4$通量数据，结合林冠微气象、叶面积指数、土壤温度及湿度等数据，在评价通量观测数据质量的基础上，分析了暖温带气候区人工林生态系统$CO_2$和$CH_4$通量变化及其响应机制，估算了固碳能力。本书为我国人工林应对气候变化行动提供了重要理论依据，也进一步丰富和完善了林业生态工程效应评价内容。

本书可供林业气象学及森林生态学等相关专业的科研人员、大专院校师生参考和借鉴。

图书在版编目（CIP）数据

人工林生态系统温室气体通量观测研究/孟平等著. —北京：科学出版社，2024.3
ISBN 978-7-03-077456-9

Ⅰ. ①人… Ⅱ. ①孟… Ⅲ. ①人工林–森林生态系统–温室效应–有害气体–通量–观测–研究 Ⅳ. ①S718.5

中国国家版本馆CIP数据核字(2024)第007477号

责任编辑：张会格 赵小林 / 责任校对：郑金红
责任印制：肖 兴 / 封面设计：刘新新

科学出版社 出版
北京东黄城根北街16号
邮政编码：100717
http://www.sciencep.com

北京中科印刷有限公司印刷
科学出版社发行 各地新华书店经销

\*

2024年3月第 一 版 开本：720×1000 1/16
2024年3月第一次印刷 印张：9 插页：2
字数：181 000
定价：128.00元
（如有印装质量问题，我社负责调换）

## 著者名单

孟　平　中国林业科学研究院林业研究所
张劲松　中国林业科学研究院林业研究所
同小娟　北京林业大学生态与自然保护学院
黄　辉　中国林业科学研究院林业研究所
原文文　中国林业科学研究院亚热带林业研究所
周　宇　中国林业科学研究院林业研究所

# 序

全球气候变暖是人类共同关注的生态环境问题,是世界社会经济可持续发展所面临的最为严峻的挑战。自工业革命以来,由化石燃料燃烧和土地利用变化等导致的大气 $CO_2$、$CH_4$ 和 $N_2O$ 等温室气体浓度上升是全球变暖的根本原因。控制温室气体排放、缓解气候变暖,是国际社会关注的重大科学问题、气候谈判的核心议题。森林是陆地生态系统的主体,在生态系统碳氮循环和应对气候变化中具有特殊地位。中国人工林面积居世界首位,研究我国人工林生态系统温室气体源/汇功能、过程及其影响机制,尤具重要科学意义。

河南小浪底森林生态系统国家野外科学观测研究站/黄河小浪底森林生态系统国家定位观测研究站地处黄河中游与华北山区南麓交错带,地理位置特殊,气候类型典型。该站研究人员长期以来采用涡度相关法,开展人工林生态系统通量观测研究工作。《人工林生态系统温室气体通量观测研究》一书集成了作者研究团队 2006~2019 年的研究成果,在通量数据质量评价与数据处理方法的研究基础上,分析了 $CO_2$ 和 $CH_4$ 通量变化过程及其影响机制,突出了长期定位观测的必要性和重要性,体现了基础与前沿相结合、国家战略需求与林业行业需求相结合的特色,为人工林应对气候变化行动提供了重要理论依据。该书可供林业气象学及森林生态学等相关专业的科研人员、大专院校师生参考和借鉴。

于贵瑞
中国科学院院士
2023 年 10 月于北京

# 前　　言

控制碳氮温室气体排放、缓解气候变暖，是当今国际社会关注的重大科学问题，也是气候变化谈判的核心议题。森林是陆地生态系统的主体，在陆地生态系统碳循环和全球变化中起着举足轻重的作用。我国人工林面积居世界首位，研究人工林生态系统 $CO_2$ 和 $CH_4$ 源/汇过程，对进一步明确森林对温室效应的减缓作用、支撑人工林应对气候变化行动，以及服务国家"双碳目标"具有重要意义，可为《联合国气候变化框架公约》框架下的相关国际气候谈判提供科学依据。

本书依托河南小浪底森林生态系统国家野外科学观测研究站/黄河小浪底森林生态系统国家定位观测研究站，以栓皮栎-刺槐-侧柏人工混交林为对象，基于 2006～2019 年涡度相关法观测得到的冠层 $CO_2$ 通量及 $CH_4$ 通量数据，结合林冠微气象、叶面积指数、土壤温度及湿度等数据，在评价通量观测数据质量的基础上，分析了暖温带气候区人工林生态系统 $CO_2$ 和 $CH_4$ 通量变化及其响应机制，估算了固碳能力，旨在为我国林业生态工程应对气候变化行动提供理论依据，并进一步丰富和完善林业生态工程效应评价内容。

全书共分 10 章。第 1 章为绪论，表述了研究目的与意义，概述了研究区概况及研究方法。第 2 章主要分析了不同大气层结条件下垂直风速、空气温度、$CO_2$ 浓度和 $CH_4$ 浓度的功率谱和协谱、能量平衡闭合度，评价了通量数据质量，并研究了闭路式涡度相关法观测山地森林生态系统 $CH_4$ 通量的不确定性，优化了 $CH_4$ 通量数据质量控制技术参数。第 3 章对比分析了碳通量缺失数据的 5 种插补方法的插补精度、稳定性和对缺失片段长度的敏感性，提出了长时间连续缺失情景下的最优插补方法。第 4 章分析了冠层 $CO_2$ 储存通量变化及其在生态系统净碳交换中的贡献。第 5 章研究了净生态系统碳交换对气象因子的响应过程与机制。第 6 章研究揭示了不同尺度下生态系统碳平衡各组分变化特征及其影响机制。第 7 章和第 8 章研究揭示了生态系统碳交换及水碳耦合对水分胁迫的响应、光能利用效率变化特征及影响机制。第 9 章和第 10 章研究了 $CH_4$ 通量变化特征及其对水热因子的响应。

本书得到了国家重点研发计划课题（2020YFA0608101）、中央级公益性科研院所基本科研业务费专项项目（CAFYBB2018ZA001）、国家自然科学基金项目（31872703）的资助。孙守家、刘沛荣、母艳梅等对数据观测和处理等工作给予了大力支持，在此一并表示感谢。

由于作者学识有限，书中难免存在不足之处，恳请读者批评指正。

作　者

2023 年 1 月

于北京

# 目 录

## 第1章 绪论 ... 1
### 1.1 目的与意义 ... 1
### 1.2 研究区概况及研究方法 ... 3
#### 1.2.1 自然地理概况 ... 3
#### 1.2.2 观测项目及方法 ... 4
### 参考文献 ... 8

## 第2章 通量数据质量评价与控制 ... 9
### 2.1 原始数据质量评价 ... 9
#### 2.1.1 林冠湍流谱特征 ... 9
#### 2.1.2 能量闭合度 ... 12
### 2.2 $CH_4$ 通量数据质量评价 ... 13
#### 2.2.1 不同流速条件下 $CH_4$ 谱特征 ... 14
#### 2.2.2 延迟时间 ... 15
#### 2.2.3 平均周期 ... 16
### 2.3 不同方法观测的 $CH_4$ 通量数据质量比较 ... 18
### 2.4 讨论 ... 22
### 2.5 小结 ... 22
### 参考文献 ... 23

## 第3章 碳通量缺失数据插补方法的比较 ... 25
### 3.1 $CO_2$ 通量数据插补 ... 25
#### 3.1.1 插补方法 ... 26
#### 3.1.2 统计参数 ... 28
### 3.2 不同数据插补方法日间通量插补效果的比较 ... 29
### 3.3 不同数据插补方法夜间通量插补效果的比较 ... 32
### 3.4 不同方法插补效果对数据连续缺失时长的响应 ... 34
### 3.5 不同方法典型晴天数据插补效果的比较 ... 35
### 3.6 讨论 ... 37
### 3.7 小结 ... 39
### 参考文献 ... 40

## 第4章 冠层 $CO_2$ 储存通量 ......42
### 4.1 冠层上方 $CO_2$ 浓度变化 ......42
#### 4.1.1 日变化 ......42
#### 4.1.2 垂直变化 ......44
#### 4.1.3 季节变化 ......44
### 4.2 不同方法所得的冠层 $CO_2$ 储存通量的比较 ......45
### 4.3 $CO_2$ 储存通量和净生态系统碳交换量的日变化 ......46
### 4.4 冠层 $CO_2$ 储存通量的季节变化 ......47
### 4.5 讨论 ......47
### 4.6 小结 ......49
### 参考文献 ......49

## 第5章 净生态系统碳交换量对气象因子的响应 ......52
### 5.1 光合有效辐射对净生态系统碳交换量的影响 ......52
### 5.2 散射辐射对净生态系统碳交换量的影响 ......54
### 5.3 温度对净生态系统碳交换量的影响 ......56
#### 5.3.1 温度对白天净生态系统碳交换量的影响 ......56
#### 5.3.2 温度对夜间净生态系统碳交换量的影响 ......57
#### 5.3.3 温度对日净生态系统碳交换量的影响 ......59
### 5.4 饱和水汽压差对净生态系统碳交换量的影响 ......61
### 5.5 降水对净生态系统碳交换量的影响 ......62
### 5.6 小结 ......63
### 参考文献 ......64

## 第6章 生态系统 $CO_2$ 通量 ......68
### 6.1 净生态系统碳交换量日变化 ......68
### 6.2 净生态系统碳交换量季节变化 ......70
### 6.3 生态系统年 $CO_2$ 收支 ......72
### 6.4 碳平衡各组分之间的关系 ......76
### 6.5 碳平衡各组分与饱和水汽压差及土壤水分的关系 ......77
### 6.6 小结 ......78
### 参考文献 ......79

## 第7章 生态系统生产力及水分利用效率对干旱的响应 ......81
### 7.1 生态系统植被水分胁迫指数日变化 ......81
### 7.2 生态系统植被水分胁迫指数季节变化 ......82
### 7.3 生态系统植被水分胁迫指数与水热要素的关系 ......83

7.4 生态系统植被水分胁迫指数对生产力和呼吸的影响 ·················· 84
7.5 生态系统植被水分胁迫指数对水分利用效率的影响 ················ 87
7.6 小结 ·········································································· 89
参考文献 ·········································································· 89

## 第8章 生态系统光能利用效率 ·············································· 93
8.1 生态系统光能利用效率的季节变化 ········································ 93
8.2 影响总初级生产力的因子 ···················································· 95
8.3 生态系统光能利用效率的影响要素 ········································ 97
8.4 晴空指数对生态系统光能利用效率的影响 ······························· 99
8.5 小结 ·········································································· 100
参考文献 ·········································································· 100

## 第9章 生态系统 $CH_4$ 通量变化特征 ······································ 104
9.1 生态系统 $CH_4$ 通量源区的变化特征 ·································· 104
9.2 生态系统 $CH_4$ 通量的时间变化特征 ·································· 108
    9.2.1 $CH_4$ 通量日变化 ··················································· 108
    9.2.2 生态系统 $CH_4$ 通量季节变化 ·································· 112
9.3 讨论 ·········································································· 113
9.4 小结 ·········································································· 115
参考文献 ·········································································· 115

## 第10章 水热因子对生态系统 $CH_4$ 通量的影响 ······················ 118
10.1 水热要素变化规律 ························································ 118
    10.1.1 林冠气象因子变化规律 ········································· 118
    10.1.2 土壤水热变化规律 ················································ 119
10.2 生态系统 $CH_4$ 通量的影响因素及其权重 ························· 120
    10.2.1 水热状况与生态系统 $CH_4$ 通量的关系 ···················· 120
    10.2.2 不同水热因子与生态系统 $CH_4$ 通量的相关性 ··········· 122
    10.2.3 水热因子对生态系统 $CH_4$ 通量的影响程度的比较 ····· 128
10.3 讨论 ········································································ 129
10.4 小结 ········································································ 131
参考文献 ········································································ 131

彩图

# 第1章 绪　　论

## 1.1　目的与意义

全球气候变暖会导致一系列生态环境问题,是世界社会经济可持续发展所面临的最为严峻的挑战,社会各界对其的重视程度已提升到了前所未有的高度。根据政府间气候变化专门委员会(Intergovernmental Panel on Climate Change,IPCC)第六次评估报告,全球地表平均温度较 1805~1900 年已升高 1.09℃,大于第五次评估报告给出的 0.85℃的升温幅度(1880~2012 年)(Masson-Delmotte et al., 2021)。自工业革命以来,由化石燃料燃烧和土地利用变化等导致的大气 $CO_2$、$CH_4$ 和 $N_2O$ 等温室气体浓度上升是全球变暖的根本原因。大气 $CO_2$、$CH_4$ 和 $N_2O$ 作为温室气体重要的贡献者,总贡献率接近 80%。因此,控制碳氮温室气体排放、缓解全球气候变暖,是当今国际社会的重大科学问题,也是全球气候变化谈判的核心议题。

大气 $CO_2$ 浓度增加是全球气候变暖的主要原因之一,对增强温室效应的贡献率最大,约占 60%。Stocker 等(2013)指出,大气 $CO_2$ 浓度已从 1750 年的 278ppmv[①]上升到 2005 年的 390.5ppmv。为应对大气 $CO_2$ 浓度增加,世界气候研究计划(World Climate Research Programme,WCRP)、未来地球计划(Future Earth,FE)、国际全球环境变化人文因素计划(International Human Dimensions Programme on Global Environmental Change,IHDP)、全球碳计划(Global Carbon Project,GCP)、全球土地计划(Global Land Programme,GLP)等大型国际科学项目均将全球碳循环与碳收支列为重要主题内容。在全球碳循环研究中,人们不仅关注不同类型陆地生态系统的碳储量,而且关注生态系统碳储量(即碳源/碳汇)时空变化特征,以及这种特征对全球变化的响应和适应。森林是陆地生态系统的主体,在陆地生态系统碳循环和全球变化中起着举足轻重的作用。有研究表明,中纬度地区森林生态系统年吸收大气 $CO_2$ 约 2.4Pg C(Gurney et al.,2004)。在 1977~2008 年林分生物量碳库累计增加 1710Tg C,年均碳汇为 63.3Tg C,占森林总碳汇的 90.2%(郭兆迪等,2013)。森林生态系统固碳是目前有效缓解大气 $CO_2$ 浓度升高的最为经济可行和环境友好的重要途径之一,但森林植被在空间上具有很大的异质性,致

---

① 1ppm 是百万分之一,v 是指体积,ppmv 即一百万体积中含 1 体积。$CO_2$ 浓度 1ppmv 相当于在 $1m^3$ 气体中含 $CO_2$ 1mL。

使其碳收支研究存在很大的不确定性，尤其是"失踪碳汇"问题。

$CH_4$ 在大气中的浓度低于 $CO_2$，对温室效应的贡献率约占 15%（Hansen and Lacis，1990）。作为一种痕量温室气体，$CH_4$ 在大气中平均存留时间长达 10 年（孙景鑫，2012），增长率远高于 $CO_2$，其导致全球气候变暖的能力是 $CO_2$ 的 25 倍。自工业革命以来，大气 $CH_4$ 浓度快速增长的趋势引起了各国政府和科学家的重视（Kirschke et al.，2013）。其持续的增长趋势将对全球环境造成长期和潜在的影响，已经直接威胁到人类的生存环境（Shindell et al.，2009；Dlugokencky et al.，2011）。因此，$CH_4$ 在全球气候变暖过程中的作用及其产生、消耗和排放机制已引起广泛关注。$CH_4$ 与人类的生产活动密切相关，其中，土地利用变化及土地管理措施是影响甲烷源汇转换的重要因素。植树造林是改变土地利用方式的一种重要手段，必然会影响大气 $CH_4$ 浓度的变化。准确测算森林生态系统 $CH_4$ 通量，了解源汇转换格局，是评估与预测 $CH_4$ 收支状况重要的基础工作。目前对全球 $CH_4$ 收支评估依然存在较大不确定性，如全球尺度存在大约 10Tg/a 的"丢失源"。这个"丢失源"可能与森林生态系统 $CH_4$ 通量估算不完整或估算偏差有关（Megonigal and Guenther，2008）。

森林生态系统 $CO_2$ 和 $CH_4$ 通量变化过程与源汇转换格局，是森林生态学和应用气象学等相关学科及全球变化研究等领域共同关注的重要科学主题。认识和理解森林生态系统碳源/汇功能时空变化的有效方法之一是直接观测研究森林冠层-大气间 $CO_2$ 和 $CH_4$ 通量。其研究结果不仅可为林业应对气候变化行动提供重要理论依据，而且有助于深入评价森林综合效应。

我国人工林面积为 0.795 亿 $hm^2$，占全国森林面积的 36.45%，其蓄积量为 33.88 亿 $m^3$，占森林总蓄积量的 19.86%（国家林业和草原局，2019）。中国人工林的生物量碳库持续增加，生物量碳汇为 818Tg C，占林分总碳汇的 47.8%（郭兆迪等，2013）。因此，研究我国人工林生态系统 $CO_2$ 和 $CH_4$ 源汇过程，对进一步明确森林对温室效应的减缓作用、支撑人工林应对气候变化行动具有重要意义，可为《联合国气候变化框架公约》等相关国际谈判提供科学依据。黄河流域一直是我国"三北"防护林、退耕还林等林业生态建设工程的重点区域，黄河流域生态保护和高质量发展已被列入重大国家战略。太行山是中国东部地区的重要山脉和地理分界线，属北方最重要的阻隔性山脉之一，是黄土高原和华北平原的天然分界线，也是我国林业生态工程建设的重点区域。因此，在地处华北南部的黄河中游流域和太行山南麓交错带地区，开展人工林生态系统 $CO_2$ 和 $CH_4$ 通量变化及其响应机制研究工作，可为我国林业生态工程建设及应对气候变化行动提供理论依据和技术支撑。

本书数据及结果来源于河南小浪底森林生态系统国家野外科学观测研究站/黄河小浪底森林生态系统国家定位观测研究站，该站位于黄河中游和华北山区南麓的交错带，地处中纬度暖温带气候区（35°01′N，112°28′E，海拔410m），地理位置特殊，气候类型典型。基于冠层$CO_2$和$CH_4$通量、微气象等观测数据，结合叶面积指数（leaf area index，LAI）等生物量数据、土壤温度及湿度等数据，在评价通量观测数据质量的基础上，进一步分析暖温带气候区人工林生态系统$CO_2$和$CH_4$通量变化及其响应机制，估算固碳能力，旨在为我国林业生态工程应对气候变化行动提供理论依据，并进一步丰富和完善林业生态工程效应的评价内容。

## 1.2 研究区概况及研究方法

### 1.2.1 自然地理概况

**1. 地形地貌**

研究站点地处河南省西北部太行山南麓，由西向东延绵起伏，东到小浪底专用线，西至大峪镇界，南邻小浪底库区，北与虎岭相连。土壤母质多为砂岩、页岩，土层厚度为15～40cm，腐殖质层厚度为5～10cm，土壤呈中性。地貌类型为太行山南麓低山丘陵区，地形西高东低，山脉多为南北走向，山势平缓，坡度为20°～30°，平均海拔为320～400m，最高海拔为438m。

**2. 气候**

该站点气候类型属暖温带大陆性季风气候，四季分明。年平均气温为12.4℃，年最高气温为40℃，年最低气温为−20℃；全年日照时数为2367.7h，年平均降水量为641.7mm。受季风气候的影响，降水季节性分配不均匀，多集中于7～9三个月，7～9月平均降水量为438.0mm，占全年的68.3%；年蒸发量为1400mm，无霜期为220～230天，植物生长期为210～220天。观测站点主要风向以东北偏东、西南偏西为主。

**3. 植被类型及分布**

研究区属于暖温带落叶阔叶林地带和暖温带南部栎林亚地带，主要有落叶阔叶林、常绿针叶林、落叶阔叶灌丛、灌草丛、草丛和农田等6种植被类型。区内动植物资源丰富，植物种类1500余种。其中，木本植物约700种，草本植物800余种。乔木以栓皮栎、侧柏、刺槐、油松为主，灌木以荆条、连翘等为主，草本以莎草科、菊科为主。森林覆盖率97.8%，平均郁闭度达0.7。

**4. 水文**

浅层地下水埋深为10～45m，年河川径流量约2621万$m^3$，年河川基流量约

865万 $m^3$，水面蒸发量约988mm。

### 1.2.2 观测项目及方法

#### 1.2.2.1 观测点布局

通量观测塔位于站区的中心偏西方向的栓皮栎、侧柏、刺槐团状混交林样地内。塔高36.0m，塔周围1.8km² 范围内平均坡度约14°，林木覆盖率为97.0%左右（图1.1）。主要树种为栓皮栎（*Quercus variabilis*）、刺槐（*Robinia pseudoacacia*）、侧柏（*Platycladus orientalis*），面积所占比例分别约81.6%、11.0%和7.4%。栓皮栎、侧柏、刺槐的造林时间分别为1972年、1974年和1976年，平均株高分别为10.8m、9.7m和9.8m（2018年）。林下灌丛主要有黑枣、扁担木、荆条、小叶鼠李等，草本主要有隐子草、狗尾草、苋草、紫菫。土壤主要为棕壤和石灰岩风化母质淋溶性褐土。

图1.1 通量观测塔周边植被（彩图请见书后彩插）

#### 1.2.2.2 林冠$CO_2$、$CH_4$及水汽通量

（1）$CO_2$及水汽通量

采用开路式涡度相关观测系统观测林冠$CO_2$通量和水汽通量。该系统主要由三维超声风速计（CSAT3，Campbell Sci. Inc.，USA）和$CO_2/H_2O$红外分析仪（Li-7500，Li-Cor Inc.，USA）、CR5000数据采集器（Model CR5000，Campbell Sci. Inc.，USA，2006～2014年）、Li-7550数据采集器（Model Li-7550，Li-Cor Inc.，USA，2015～2019年）等组成。原始数据采样频率为10Hz，每30min输出1组

平均值。三维超声风速计和 $CO_2/H_2O$ 红外分析仪安装高度为 36m（图 1.2），安装方向为东南偏东。观测时期为 2006 年 1 月至 2019 年 12 月。

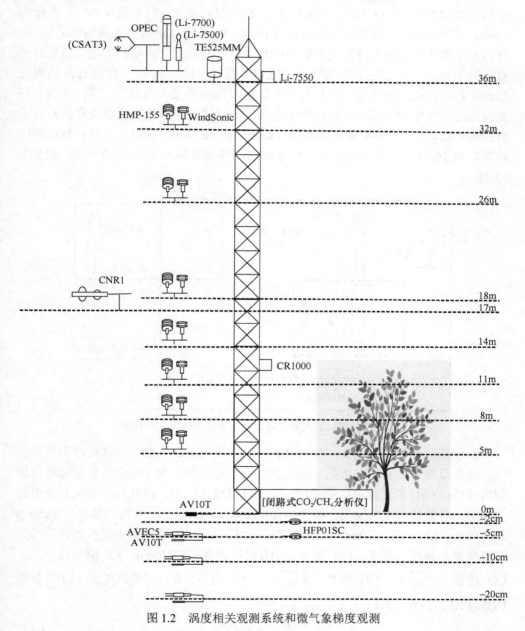

图 1.2 涡度相关观测系统和微气象梯度观测

（2）林冠 $CH_4$ 通量

采用开路式、闭路式涡度相关观测系统测定林冠 $CH_4$ 通量，$CH_4$ 分析仪分别是 Li-7700（Li-Cor Inc.，USA）、LGR-CH$_4$（LGR Inc.，USA），二者与林冠 CO$_2$ 和水汽通量观测系统共享一个超声风速计（CSAT3，Campbell Sci. Inc.，USA）。观测高度与方向同 CO$_2$ 通量。闭路式涡度相关观测系统进气管道长 40m，内径为 5mm。采用 220V 真空泵将气体抽入到 LGR-CH$_4$ 分析仪，气泵流量为 5m$^3$/h。进气口在开路分析仪附近，抽气管道共接有 4 个过滤芯，分别是：①进气口处有一直径为 100μm 的过滤芯；②管道末端进口处有一直径 5μm 和一直径 2μm 的梅花形过滤芯；③在分析仪进气口处有一个直径为 2μm 的金属过滤芯。图 1.3 为开路式与闭路式涡度相关观测系统流程示意图。开路式、闭路式涡度相关观测系统的数据采集器均为 CR3000 数据采集器（Campbell Sci. Inc.，USA），原始数据采样频率均为 10Hz，每 30min 输出 1 组平均值。观测时期为 2016 年 1 月至 2019 年 12 月。

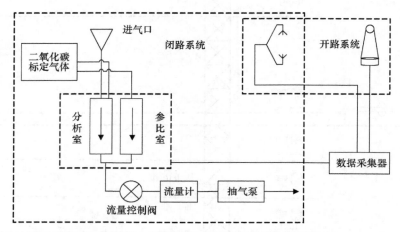

图 1.3　开路式与闭路式涡度相关观测系统流程示意图

涡度相关观测系统中 Li-7500、Li-7700 观测的 CO$_2$、CH$_4$ 气体浓度为质量密度，而不是摩尔质量比。因此，如果大气的水热条件发生了变化则会引起单位体积内 CO$_2$、CH$_4$ 的质量密度的变化，即大气温度、压力、湿度发生变化均会引起大气中二者质量密度的变化。根据 Webb-Pearman-Leuning（WPL）算法（Webb et al.，1980；Lee et al.，2004），对涡度相关测定的 10Hz 原始数据进行处理，得到三维风速、温度、湿度、CO$_2$ 浓度、CH$_4$ 浓度和气压的 30min 平均值和协方差。CO$_2$ 通量（$\overline{F_{CO_2}}$）、CH$_4$ 通量（$\overline{F_{CH_4}}$）、感热通量（$H$）和潜热通量（LE）分别由式（1.1）～式（1.4）计算：

$$\overline{F_{CO_2}} = \rho \overline{w'c'_{CO_2}} \qquad (1.1)$$

$$\overline{F_{CH_4}} = \rho \overline{w'c'_{CH_4}} \qquad (1.2)$$

$$H = \rho C_p \overline{w'\theta'} \tag{1.3}$$

$$LE = \rho \overline{w'q'} \tag{1.4}$$

式中，$\rho$ 为空气平均质量密度，$c'_{CO_2}$ 为 $CO_2$ 浓度，$c'_{CH_4}$ 为 $CH_4$ 浓度，$w'$ 为垂直风速（m/s），$C_p$ 为空气定压比热，$\theta'$ 为位温，$q'$ 为比湿脉动。上述数据经两次坐标旋转（McMillen，1988）和 WPL 校正（Webb et al.，1980）后得到 30min 平均通量。

### 1.2.2.3 微气象观测

微气象梯度观测系统主要传感器包括风速（WS）、风向、气温与相对湿度（$T_a$ 和 RH）、总辐射（global radiation，$R_a$）、净辐射（net radiation，$R_n$）、光合有效辐射（photosynthetically active radiation，PAR）、气压（$P$）和雨量。风速传感器为 AR-100（Vector，UK），2012 年之后改为 WindSonic（Gill，UK），安装高度为 8m、9m、11m、14m、18m、26m、32m（图 1.2）。$T_a$ 和 RH 传感器为 HMP-155（Vaisala，Finland），安装高度同风速风向。$R_a$ 和 $R_n$ 传感器为 CNR1（Kipp and Zonen，Netherlands），PAR 为 Li-190SB（Li-Cor Inc.，USA）。气压传感器为 PTB110（Vaisala，Finland），集成于 Li-7550。雨量传感器为 Model TE525MM（Campbell Sci. Inc.，USA），安装高度为 27m。数据采集器为 CR1000（Campbell Sci. Inc.，USA），数据扫描频率为 30s，每隔 10min 记录一次雨量累计值，其他气象要素每 30min 输出一组平均值。观测时期为 2006 年 1 月至 2019 年 12 月。在通量观测塔周围地表以下 5cm 处安装 HFP01SC 型土壤热流板（Hukseflux，Netherlands）测定土壤热通量。土壤温度传感器（Model AV10T，Avalon Inc.，USA）分别安装于地下 5cm、10cm、15cm 和 20cm。土壤水分由湿度传感器（Model AVEC5，Avalon Inc.，USA）测定，安装深度为地下 20cm。

### 1.2.2.4 原始数据筛选与预处理

利用 EddyPro 软件对采样频率为 10Hz 的原始湍流数据进行再处理。数据处理过程包括异常值（含野点）去除、滤波处理、延迟时间校正、坐标旋转、频率损失订正、感热通量超声虚位温校正，以及 WPL 校正等必要的校正（Webb et al.，1980；王介民等，2009）。同时，剔除了夜间摩擦速度<0.35m/s 的通量数据。当仪器出现故障、人为影响及雨天或清晨有露水时，所得的异常值也相应剔除。对以上经过初步筛选的数据计算出各月平均值和方差，与平均值相差超过 3 倍方差的数值也进一步剔除掉。小于 2h 的缺失数据用线性内插法插补，大于 2h 的缺失数据采用平均日变化法（mean diurnal variation，MDV）进行插补（Falge et al.，2001）。大于 1 天的缺失数据插补方法见本书第 3 章的研究结果。

# 参 考 文 献

郭兆迪, 胡会峰, 李品, 等. 2013. 1977～2008年中国森林生物量碳汇的时空变化. 中国科学: 生命科学, 43(5): 421-431.

国家林业和草原局. 2019. 中国森林资源报告(2014—2018). 北京: 中国林业出版社.

孙景鑫. 2012. 艾比湖地区生长季典型生态系统土壤甲烷排放通量分析. 乌鲁木齐: 新疆大学硕士学位论文.

王介民, 王维真, 刘绍民, 等. 2009. 近地层能量平衡闭合问题——综述及个例分析. 地球科学进展, 24(7): 705-713.

Dlugokencky E J, Nisbet E G, Fishe R, et al. 2011. Global atmospheric methane: budget, changes and dangers. Philosophical Transactions of the Royal Society A: Mathematical, Physical and Engineering Sciences, 369(1943): 2058-2072.

Falge E, Baldocchi D, Olson R, et al. 2001. Gap filling strategies for defensible annual sums of net ecosystem exchange. Agricultural and Forest Meteorology, 107(1): 43-69.

Fang J Y, Chen A P, Peng C H, et al. 2001. Changes in forest biomass carbon storage in China between 1949 and 1998. Science, 292(5525): 2320-2322.

Gurney K R, Law R M, Denning A S, et al. 2004. Transcom 3 inversion intercomparison: model mean results for the estimation of seasonal carbon sources and sinks. Global Biogeochemical Cycles, 18(1): GB1010.

Hansen J E, Lacis A A. 1990. Sun and dust versus greenhouse gases: an assessment of their relative roles in global climate change. Nature, 346(6286): 713-719.

Kirschke S, Bousquet P, Ciais P, et al. 2013. Three decades of global methane sources and sinks. Nature Geoscience, 6(10): 813-823.

Lee X, Massman W, Law B. 2004. Handbook of micrometeorology: a guide for surface flux measurement and analysis. Berlin: Springer Science & Business Media.

Masson-Delmotte V, Zhai P, Pirani A, et al. 2021. Climate Change 2021: The Physical Science Basis. The Working Group I contribution to the Sixth Report Assessment the most up-to-date physical understanding of the climate system and climate change, bringing together the latest advances in climate science. Cambridge: Cambridge University Press.

McMillen R T. 1988. An eddy correlation technique with extended applicability to non-simple terrain. Boundary-Layer Meteorology, 43(3): 231-245.

Megonigal J P, Guenther A. 2008. Methane emissions from upland forest soils and vegetation. Tree Physiology, 28(4): 491-498.

Shindell D T, Faluvegi G, Koch D M, et al. 2009. Improved attribution of climate forcing to emissions. Science, 326(5953): 716-718.

Stocker T F, Qin D, Plattner G K, et al. 2013. Climate change 2013: the physical science basis. Part of the Working Group I contribution to the fifth assessment report of the Intergovernmental Panel on Climate Change. Cambridge: Cambridge University Press.

Webb E K, Pearman G I, Leuning R. 1980. Correction of flux measurements for density effects due to heat and water vapour transfer. Quarterly Journal of the Royal Meteorological Society, 106(447): 85-100.

# 第 2 章 通量数据质量评价与控制

生态系统 $CO_2$ 和 $CH_4$ 通量观测主要方法为微气象方法。该方法是通过测量近地层大气湍流状况和被测气体的浓度变化，计算被测气体通量，包括质量平衡法、波文比/能量平衡法、空气动力学法和涡度相关法。微气象法要求测量仪器灵敏度高、响应快、可连续操作，在一定程度上避免了箱法密闭系统引起的误差，可获得 $CO_2$ 和 $CH_4$ 通量长时间变化数据。

在微气象学方法中，涡度相关法能在不受扰动的下垫面，连续测定生态系统 $CO_2$ 和 $CH_4$ 通量。该方法测定结果精确度相对较高，且不要求涡度扩散系数和大气稳定性的校正，该方法已被广泛应用于陆地生态系统通量观测研究中。然而，涡度相关法要求仪器安装在通量不随高度发生变化的常通量层内，常通量层假设的基本条件为大气平稳、下垫面与仪器之间没有任何源或汇、风浪区足够长和下垫面水平均一等（于贵瑞等，2006），而实际森林生态系统下垫面不均一，大气稳定性多变，多数情况下难以完全满足上述基本条件。因此，需要基于湍流谱特征和能量闭合度对 $CO_2$ 和 $CH_4$ 通量原始数据进行质量评价。

本章将分析不同大气层结条件下垂直风速、空气温度、$CO_2$ 浓度和 $CH_4$ 浓度的功率谱 $Sx(f)$ 和协谱 $Cwx(f)$、能量平衡闭合度，以评价通量数据质量，为进一步分析通量变化特征提供理论依据；研究确定生态系统 $CH_4$ 通量观测时闭路式涡度相关系统外接流速泵的流速、时间延迟及平均周期等参数，为森林生态系统 $CH_4$ 通量数据质量提升提供科学依据。

## 2.1 原始数据质量评价

### 2.1.1 林冠湍流谱特征

选择主要生长季节典型晴天日时间步长为 30min 的风速、$CO_2$ 浓度及 $CH_4$ 浓度等观测数据，计算了稳定状态和不稳定状态下垂直风速（$w$）、气温（$T_a$）、$CO_2$ 浓度和 $CH_4$ 浓度的功率谱 $Sx(f)$ 和协谱 $Cwx(f)$。

从图 2.1 和图 2.2 中可以看出，无论在稳定状态还是不稳定状态，晴朗天气条件下的垂直风速、空气温度的功率谱在惯性副区基本符合 $-2/3$ 斜率。这表明在该下垫面条件下，开路式涡度相关观测系统对垂直风速和空气温度等观测量的高频信号有着良好的响应能力，能够满足观测的要求。从图 2.3 和图 2.4 可知，$CO_2$ 功率谱在

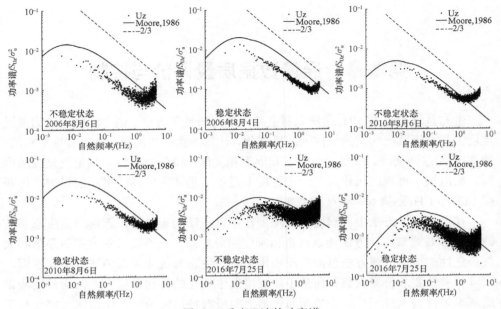

图 2.1 垂直风速的功率谱

Uz. 垂直风速；$\sigma^2_u$. 归一化；Moore, 1986. 理想曲线；虚线表示斜率。下同

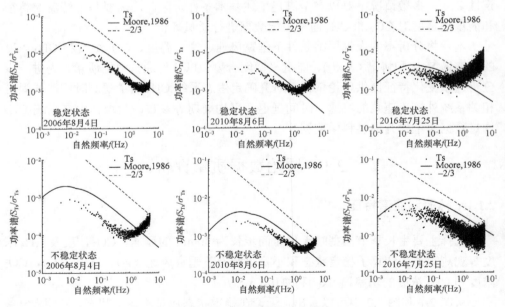

图 2.2 空气温度的功率谱

Ts. 空气温度

惯性副区基本符合–2/3 斜率、$CH_4$ 功率谱在惯性副区基本符合–5/3 斜率，协谱在

惯性副区基本符合−4/3斜率，说明$CO_2$浓度和$CH_4$浓度观测量的高频信号响应符合观测要求。$T_a$、$CO_2$浓度和$CH_4$浓度在高频处上翘，这是时间序列中的高频噪声，或由完全随机的杂乱信号引起的白噪声所导致的，但因在对数坐标下这部分高频所对应的面积很小，故对于湍流能的测定影响不明显。

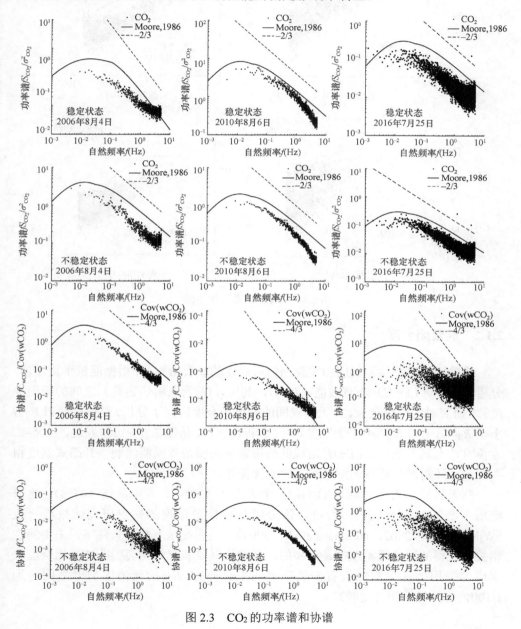

图 2.3　$CO_2$ 的功率谱和协谱

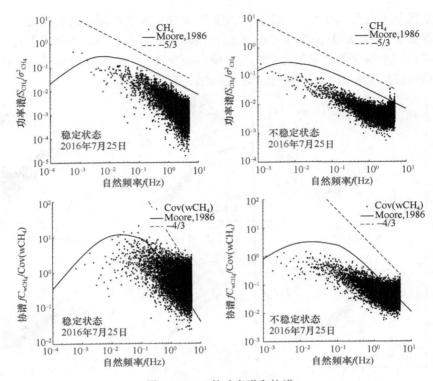

图 2.4 CH₄ 的功率谱和协谱

## 2.1.2 能量闭合度

能量闭合度是检验涡度相关观测值可靠性的重要指标,即根据能量平衡原理,分析湍流能（LE+$H$）和有效能（$R_n$–$G$,其中,$G$ 为土壤热通量）之间的平衡程度。本研究对生长季全天、白天和夜间的能量闭合度进行了分析,结果表明:LE+$H$ 小于 $R_n$–$G$,存在能量不平衡现象（图 2.5 和表 2.1）。从图 2.5 中可以发现,当 $R_n$–$G$ 为负时,尤其是夜间,LE+$H$ 出现低估现象,主要是夜间湍流弱,开路式涡度相关观测系统对潜热通量的测量结果比实际偏低。

白天的能量闭合度最大（81%）,全天次之（79%）,夜间最低（41%）。本研究所得全天和白天能量闭合度与部分国外森林通量观测站点研究结果相一致（Wilson et al., 2002; Heijmans et al., 2004）。说明在该下垫面条件下,采用涡度相关法获得的通量观测数据是可靠的。观测仪器安装位置也会影响能量闭合度。本研究采用的通量观测设备安装高度与主风向方向上的风浪区长度之比约为 1/100,因而能量闭合度较高。

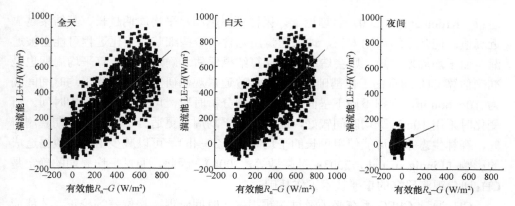

图 2.5 开路式涡度相关观测系统测定的生长季能量闭合情况（2012 年）

表 2.1 湍流能（LE+H）和有效能（$R_n$-$G$）的线性回归

| 观测时期 | 斜率 | 截距 | $R^2$ |
|---|---|---|---|
| 全天 | 0.79 | 37.04 | 0.79 |
| 白天 | 0.81 | 30.08 | 0.74 |
| 夜间 | 0.41 | 22.91 | 0.08 |

## 2.2 $CH_4$ 通量数据质量评价

$CH_4$ 是一种痕量温室气体，其通量观测需要更高分辨率的传感器。就目前国内外 $CH_4$ 浓度传感器的性能而言，与开路式涡度相关法（open-path eddy covariance，OPEC）相比，闭路式涡度相关法（closed-path eddy covariance，CPEC）更适合于 $CH_4$ 通量的长期、全天候连续观测，但仍存在一定的不确定性或局限性，如何精准评价痕量温室气体 $CH_4$ 通量数据质量受到众多学者的关注。

CPEC 系统的抽气管对 $CH_4$ 浓度变化脉冲具有衰减作用而容易导致高频数据丢失。因此，CPEC 在观测过程中可能存在通量的低估现象（Goulden et al.，2006；Oechel et al.，2014）。已有研究发现（Detto et al.，2011；Peltola et al.，2013；Iwata et al.，2014），用低流速泵采样气体则引起高频损失，即为了满足高频率数据采集的要求，CPEC 通常采用高流速泵采样气体，但高流速泵对供电功率和供电质量有一定要求，不适用于所有站点，并未提出适合流速。另外，不同管路长度、下垫面情况、湍流运动情况等都将会导致流速变化。因此，确定合适流速是 CPEC 观测 $CH_4$ 通量的一个关键工作基础。

另外，由于 CPEC 系统抽气管进口和气体分析仪之间有一定的距离，气体分析仪测定气体浓度的时间滞后于超声风速仪测定风速的时间，即存在时间延迟问题。因此，需要精确估测 CPEC 系统气体分析仪的延迟时间，才能准确计算 $CH_4$

通量（Kroon et al.，2007）。理论上，采样频率越高，平均周期越长，其结果越靠近真值。但是平均周期太长，地表通量所包含的一些细节的变化过程可能会被遗漏，而平均周期太短，则会造成通量计算结果低估。确定通量计算平均周期也是准确估算 $CH_4$ 通量的工作基础。目前，$CO_2$ 通量观测研究普遍选择平均时间间隔为 10～60min，根据不同下垫面情况及数据分析时段，可采用不同平均时间。日变化时采用 10min 平均时间较好，而 30min 平均周期更适合于通量的长期观测研究，森林生态系统可能使用更长的平均时间（2～4h），可以减少由低频数据造成的影响（Finnigan et al.，2003；孙晓敏等，2004）。因此，通量平均周期的确定是 $CH_4$ 通量观测研究的重要技术工作基础。

$CH_4$ 通量 CPEC 系统必须经过高频损失、时间延迟、相位差等校正，才能应用（Kroon et al.，2007）。需在研究了解实际观测区域湍流运动特征的工作基础上，从流速、延迟时间和平均计算周期等方面，定量分析 CPEC 法观测 $CH_4$ 通量数据的不确定性，才能为观测技术优化提供理论依据。但目前关于森林生态系统 $CH_4$ 通量观测研究涉及的闭路式流速、时间延迟、平均周期的确定尚未见详尽文献报道。

### 2.2.1　不同流速条件下 $CH_4$ 谱特征

选取 2016 年连续 6 个晴天日（7 月 26～31 日），分析 40L/min、37.5L/min、35.5L/min、33.5L/min、31.5L/min、29.5L/min 等 6 个不同流速下 CPEC 系统观测数据的协谱，探寻合适流速范围。图 2.6 为不同流速下 CPEC 系统观测垂直风速 $w$ 与 $CH_4$ 通量的协谱。从该图可以看出，根据柯尔莫哥洛夫（Kolmogorov）理论，在近地层惯性副区，不同流速条件下，频率小于 1Hz 时，$CH_4$ 通量的功率谱基本遵循$-4/3$ 斜率，频率大于 1Hz 的高频部分均明显出现斜率为 1 的上翘，这可能是由仪器的白噪声造成。但当流速为 40L/min、33.5L/min、31.5L/min 时，惯性副区斜率小于$-4/3$，当流速为 37.5L/min、29.5L/min 时，惯性副区斜率大于$-4/3$，这说明此时系统出现高频衰减现象，并且在流速为 29.5L/min 时，捕捉不到高频数据，说明有明显的高频损失。当流速在 35.5L/min 时，惯性副区斜率最为贴合斜率$-4/3$。对比不同流速下垂直风速 $w$ 与 $CH_4$ 通量的协谱发现，在近地层惯性副区都基本符合$-4/3$ 斜率，但是在流速为 29.5L/min 时，高频信息捕捉不全，则会导致较大的高频损失。

综上所述，将流速控制在大于 31.5L/min 情况下，基本都可以满足观测高频 $CH_4$ 通量数据的要求，当流速控制在 35.5L/min 左右时，仪器观测将达到最佳状态。

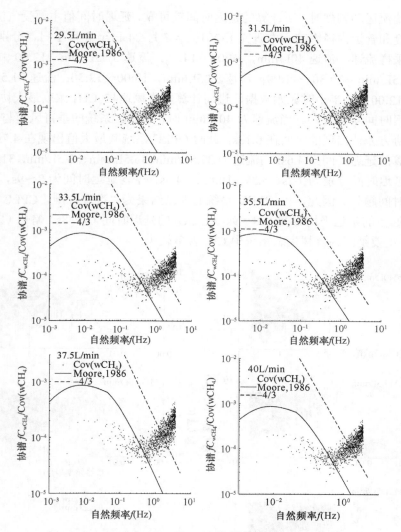

图 2.6　不同流速下 CPEC 系统观测 $CH_4$ 通量的协谱分析

实际观测中，流速受分析仪光腔温度、光腔衰荡时间、光腔压与过滤芯更换时长等因素影响，所以并不会一直保持不变，因此，采样流量只需要保持在 31.5L/min，CPEC 系统就能保持良好性能，更有利于 $CH_4$ 通量的准确观测。

### 2.2.2　延迟时间

通过垂直风速与 $CH_4$ 浓度最大协方差可计算延迟时间值（Leuning and King，1992；Vickers and Mahrt，1997；Leuning and Judd，1996；Peltola et al.，2013），

通常在湍流运动剧烈时，所计算的延迟时间较可靠。延迟时间值主要受气流速度、管道长度和管道内径影响。本研究于 2016 年 7 月 24 日至 8 月 1 日，分别测试 5 个不同采样流速（流速 40L/min，14:00～14:30；流速 37.5L/min，12:00～12:30；流速 35.5L/min，10:30～11:00；流速 33.5L/min，13:00～13:30；流速 31.5L/min，11:30～12:00）的半小时原始数据，进而计算垂直风速与 $CH_4$ 浓度最大协方差来决定延迟时间（图 2.7）。当流速为 40L/min 时，CPEC 系统的垂直风速与 $CH_4$ 浓度最大协方差值出现的时间在 0.13s，此时 OPEC 系统其最大值出现在 4.7s，此流速下计算的延迟时间为 4.6s；当流速为 37.5L/min、35.5L/min、33.5L/min、31.5L/min 时，其延迟时间分别为 7.7s、5.3s、10.8s、14.3s，平均延迟时间为 8～9s，流速越小滞后时间越长。因此，以 OPEC 系统的观测结果为"准"标准，CPEC 系统测定 $CH_4$ 通量的延迟平均时间为 8～9s，比 $CO_2$ 的延迟时间（7～8s）略长（宋霞等，2004），主要是因为森林生态系统中 $CH_4$ 含量较少。

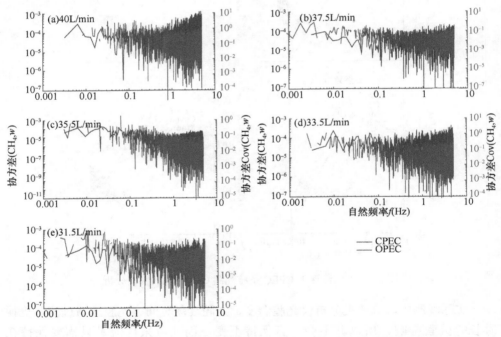

图 2.7 CPEC 系统在不同流速下相对于 OPEC 系统最大协方差决定延迟时间（彩图请见书后彩插）

### 2.2.3 平均周期

本研究参考了森林生态系统 $CO_2$ 通量平均周期（30min），对比分析了 15～720min 不同平均周期条件本人工林生态系统 $CH_4$ 通量的日变化特征，并采用频率分析法分析平均周期对通量结果的影响程度，以确定适合计算森林生态系统 $CH_4$ 通量的平均周期。

图 2.8 为典型晴天（2016 年 7 月 24 日）15~720min 不同平均周期与 30min 平均周期计算 $CH_4$ 通量的日变化特征。$CH_4$ 通量没有明显的日变化特征，在 6:00~12:00 波动较大，在下午和夜间变化不明显。以 15min、60min 和 120min 为平均周期计算 $CH_4$ 通量结果与 30min 为平均周期的日变化特征一致，而以 240min、360min 和 720min 为平均周期的计算结果与 30min 为平均周期的日变化特征相差很大，原因可能是计算的平均周期过长，忽略了短时间内的 $CH_4$ 通量变化特征。从图 2.8 中可以明显看出，当平均周期取的比较短时，通量的绝对值就变得比较小，利用不同平均周期计算通量的差别在正午前后比较大，而在早晨或傍晚计算

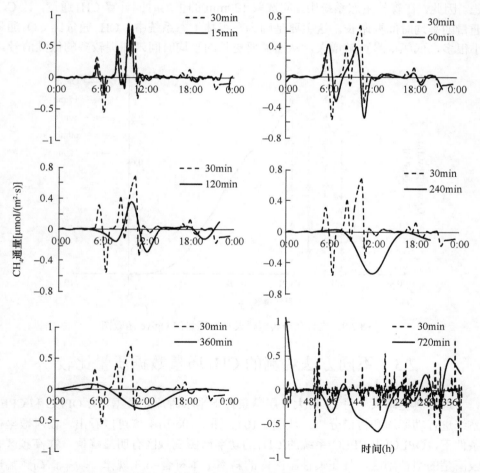

图 2.8　不同平均周期与 30min 平均周期计算 $CH_4$ 通量的日变化特征（2016 年 7 月 24 日）

通量的差别比较小。从整体上看，随着平均时间增大，通量均值的绝对值都在一定程度上增大，且增大幅度呈现逐渐减小趋势，主要原因是当平均时间延长，低频信号获取较多，从而使得通量值增加。

平均周期对通量结果的影响程度采用频率分析法。通常采用 Ogive 函数将协谱按照频率从高到低进行累计积分，进而了解低频信号和高频的相对贡献（倪攀等，2009）。由于大气稳定条件对湍流谱特征影响较大（Berger et al.，2001），夜间湍流较弱而不适合做 Ogive 频率信号的相对贡献分析。因此，本研究以典型晴天日的 2016 年 7 月 26 日 10:00～14:00 时段为例，构建垂直风速与 $CH_4$ 的协谱积分累计函数（图 2.9）。从图 2.9 中可以看出，当平均时间小于 15min 时，Ogive 变化逐渐变平稳。而当平均时间大于 120min 时，Ogive 值变化剧烈之后逐渐变平稳。因此，在森林生态系统中，应选取 120min 的平均时间计算 $CH_4$ 通量，比 $CO_2$ 通量的平均时间要略长。这主要是因为在森林生态系统中，$CH_4$ 通量比 $CO_2$ 通量小很多，低频信号贡献增大，从而需要更长的平均时间来捕捉较多的低频信号。

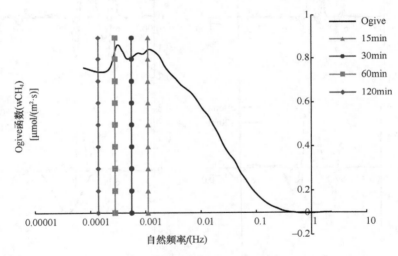

图 2.9　生长旺季典型晴天 $CH_4$ 通量的 Ogive 函数图

## 2.3　不同方法观测的 $CH_4$ 通量数据质量比较

选择典型晴天 7 月 24 日大气层结条件下半小时原始数据，对 OPEC 和 CPEC 系统进行功率谱和协谱分析。从图 2.10a、图 2.10c 功率谱可以看出，在对数坐标条件下，OPEC 和 CPEC 系统的 $CH_4$ 的功率谱图低频区有明显峰值，在高频区有较清楚的惯性副区，且在惯性副区内的斜率基本符合-5/3 规律。功率谱高频端出现"上翘"现象，说明两种系统的仪器均具有高频噪声，可能与天气、地形等状况有关。但上翘曲线下面积很小,对湍流能测定没有明显的影响。以 OPEC 系统观测为"准"标准,在所有频率范围内 CPEC 与 OPEC 系统分析仪的频率响应基本一致,但当频率>1 时,CPEC 系统观测的 $CH_4$ 气体功率谱出现衰减现象,可能是因为 CPEC 采样管道具有高频过滤的作用,这与 CPEC 系统观测 $CO_2$ 气体功率谱研究结果类似(Leuning and King,1992;Aubinet et al.,2016)。CPEC 与 OPEC 系统观测的 $CH_4$ 协谱对比如图 2.10b、d 所示,CPEC 系统 LGR-$CH_4$ 气体快速分析仪与 OPEC 系统 Li-7700 $CH_4/H_2O$ 红外分析仪所观测的 $CH_4$ 协谱在惯性副区内与-4/3 斜线基本一致。由此可见,CPEC 与 OPEC 系统分析仪的频率响应基本一致,CPEC 系统的 LGR-$CH_4$ 气体快速分析仪对 $CH_4$ 高频信号的响应能力是能够满足通量观测要求的。

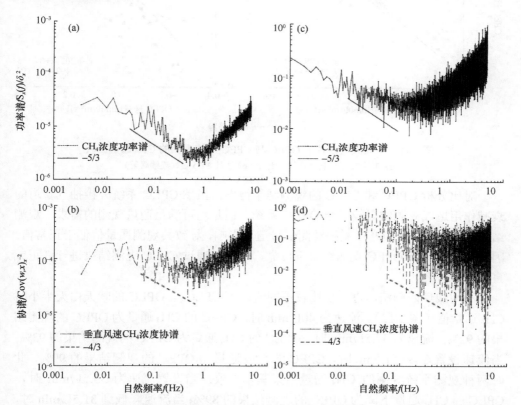

图 2.10 OPEC 系统与 CPEC 系统观测 $CH_4$ 通量的功率谱和协谱分析(2016 年 7 月 24 日,晴天)
(a)CPEC 系统功率谱;(b)CPEC 系统垂直风速和 $CH_4$ 的协谱;(c)OPEC 系统功率谱;(d)OPEC 系统垂直风速和 $CH_4$ 的协谱

基于白天半小时通量数据,分别对典型晴天(2016 年 7 月 22~25 日)和雨天(2016 年 8 月 2~5 日)CPEC 与 OPEC 系统 $CH_4$ 通量观测结果进行对比分析。

由图 2.11a 可见，连续晴天，两套系统观测 $CH_4$ 通量模拟直线斜率为 0.88 ($R^2=0.8336$，$P<0.01$)，观测结果差异不大。与 OPEC 系统相比，CPEC 系统所测 $CH_4$ 通量偏低。但是连续雨天，OPEC 系统观测结果低于 CPEC 系统（$R^2=0.4024$，$P<0.01$)（图 2.11b）。

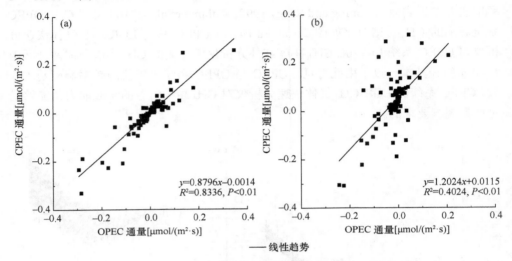

图 2.11　不同天气条件下 OPEC 与 CPEC 系统观测的 $CH_4$ 通量比较
(a) 7 月 22～25 日（连续晴天）；(b) 8 月 2～5 日（连续雨天）

对比分析 OPEC 和 CPEC 的观测结果得出：虽然 CPEC 系统外接抽气管道的衰减作用造成观测结果较低于 OPEC 系统，但是均可满足通量观测的需求，观测结果可靠。降雨对 OPEC 系统观测信号造成影响，导致其观测通量值低于正常值。因此，连续雨天 OPEC 观测结果不可靠，但可以通过 CPEC 观测结果进行订正或直接插补。

利用线性回归法，进一步比较不同流速下 CPEC 与 OPEC 的晴天白天半小时 $CH_4$ 通量值（图 2.12）。流速为 40L/min 时，CPEC 的 $CH_4$ 通量为 OPEC 的观测结果的 92%；流速为 37.5L/min 时，CPEC 的 $CH_4$ 通量为 OPEC 的观测结果的 93%；当流速设置在 35.5L/min 时，CPEC 的 $CH_4$ 通量为 OPEC 的观测结果的 99%，此时两种观测系统观测的 $CH_4$ 通量结果基本一致；当设置流速为 33.5L/min 时，CPEC 的 $CH_4$ 通量下降为 OPEC 的观测结果的 89%；当流速降低到 31.5L/min 时，CPEC 的 $CH_4$ 通量继续下降到 OPEC 的观测结果的 82%；当流速设置为 29.5L/min 时，CPEC 的 $CH_4$ 通量只有 OPEC 的观测结果的 73%，此时两者的相关系数 $R^2$ 为 0.53。由此可见，流速过高或过低对 $CH_4$ 通量观测结果均有影响。流速过高，分析及数据采集系统响应时间不够；流速较低，无法分析及记录完整的湍流高通量数据，此外由于 CPEC 抽气管道的衰减作用，CPEC 系统观测的 $CH_4$ 通量结果低于 OPEC 所得结果。因此，以 OPEC 系统的通量观测结果为"准"标准，在野外电力条件不允许的状态下，流速满足 31.5L/min 以上时，CPEC 系统观测 $CH_4$ 通量结果可正常使用。

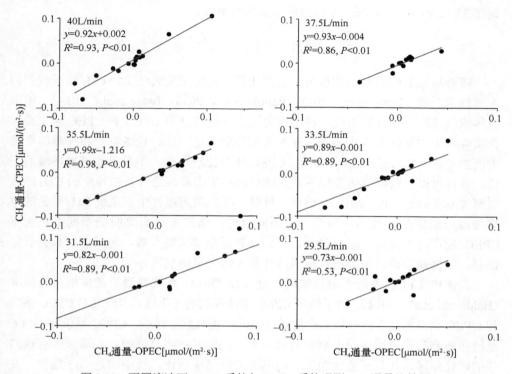

图 2.12 不同流速下 CPEC 系统与 OPEC 系统观测 $CH_4$ 通量比较图

图 2.13 为选取两天典型晴天观测数据，对最大流速（40L/min）和最适合（35.5L/min）CPEC 系统及 OPEC 系统观测的 $CH_4$ 通量的日变化进行比较。从 $CH_4$

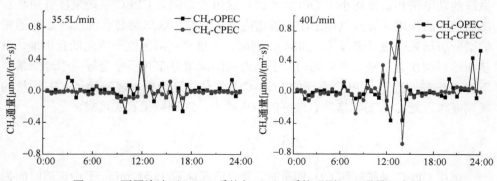

图 2.13 不同流速下 CPEC 系统与 OPEC 系统观测 $CH_4$ 通量日变化

通量日变化可以看出：不论是白天还是夜晚，CPEC 系统和 OPEC 系统在两种不同流速状态下观测结果类似。与流速为 40L/min 相比，在流速为 35.5L/min 时，CPEC 和 OPEC 观测系统所得的 $CH_4$ 通量一致性更好。这进一步证明了当流速设置在 35.5L/min 时，CPEC 系统观测结果的可靠性。

## 2.4 讨 论

随着高频响应的 $CH_4$ 浓度分析仪的出现，涡度相关法已成为 $CH_4$ 通量观测的主要技术手段（Detto et al.，2011；Peltola et al.，2013；Iwata et al.，2014）。根据气体浓度传感器的性能不同，涡度相关观测系统可分为 OPEC 和 CPEC 两大类。在实际应用中的优缺点主要表现在对观测环境的适应性、设备维护和观测结果等方面的差异（Kroon et al.，2007）。CPEC 相对比较稳定，不易受到外界环境的干扰，并且可以在弱湍流能条件下全天候对森林生态系统进行长期稳定的 $CH_4$ 通量观测（Asakawa et al.，2010）。然而，目前 CPEC 观测森林生态系统 $CH_4$ 通量的数据处理与质量控制技术还存在一定不确定性，需要重点研究明确不同下垫面下 CPEC 应用时的流速、延迟时间、平均计算周期等关键参数，对其进行数据质量控制，以提高数据质量，而目前国内外相关研究报道缺乏。

在评价 CPEC 系统观测结果时，通常以 OPEC 系统观测的通量结果为标准（Baldocchi et al.，2012）。为了确定 CPEC 系统观测的可靠性，本研究对 CPEC 系统和 OPEC 系统的功率谱及协谱进行对比分析：在对数坐标下，CPEC 系统和 OPEC 系统在所有频率范围内频率响应基本一致。低频区有明显峰值，在高频区有较清楚的惯性副区，并且在惯性副区，功率谱满足 $-5/3$ 规律，协谱满足 $-4/3$ 规律，在高频端均出现"上翘"现象。这两套系统仪器均存在高频噪声，可能与天气、地形等状况有关，上翘曲线下面积很小，且高频噪声与垂直风速没有相关性，因此对湍流能测定没有明显的影响（Ibrom et al.，2007）。当频率大于 1Hz 时，CPEC 系统的功率谱和协谱均小于 OPEC 系统，这可能是因为 CPEC 系统采样管道具有高频过滤的作用，导致气体浓度在管道内发生衰减。这与两套系统观测 $CO_2$ 通量的谱分析结果一致（宋霞等，2004）。同时，本研究观测区位于华北低丘山地，下垫面地形起伏且植被分布不均匀，于是造成湍流谱分布并不完全等同于理想条件下的谱分布。因此，CPEC 系统的 LGR-$CH_4$ 气体快速分析仪能够满足 $CH_4$ 通量的观测要求，对 $CH_4$ 高频信号有较好的响应能力，观测结果真实可靠。

## 2.5 小 结

采用 CPEC 系统观测 $CH_4$ 通量时，最合适流速为 35.5L/min，平均延迟时间为 8~9s。分析日尺度及以下 $CH_4$ 通量变化时，通量平均计算时间以 15min 为宜。长期研究 CH₄ 通量变化时，通量数据平均值计算周期宜采用 60～120min。

经校正、消除延迟影响后的 CPEC 系统可用于测定雨天 CH₄ 通量，以弥补 OPEC 观测系统的缺测值。两种系统并行观测、相互弥补，可望获得完整、高质量的 CH₄ 通量数据。

## 参 考 文 献

倪攀, 金昌杰, 王安志, 等. 2009. 科尔沁草地不同大气稳定度下湍流特征谱分析. 生态学杂志, 28(12): 2495-2502.

宋霞, 于贵瑞, 刘允芬, 等. 2004. 开路与闭路涡度相关系统通量观测比较研究. 中国科学(D 辑: 地球科学), 34(增刊Ⅱ): 67-76.

孙晓敏, 朱治林, 许金萍, 等. 2004. 涡度相关测定中平均周期参数的确定及其影响分析. 中国科学(D 辑: 地球科学), 34(增刊Ⅱ): 30-36.

于贵瑞, 孙晓敏, 等. 2006. 陆地生态系统通量观测的原理与方法. 北京: 高等教育出版社.

Asakawa T, Kanno N, Tonokura K. 2010. Diode laser detection of greenhouse gases in the near-infrared region by wavelength modulation spectroscopy: pressure dependence of the detection sensitivity. Sensors, 10(5): 4686-4699.

Aubinet M, Joly L, Loustau D, et al. 2016. Dimensioning IRGA gas sampling systems: laboratory and field experiments. Atmospheric Measurement Techniques, 9(3): 1361-1367.

Baldocchi D, Detto M, Sonnentag O, et al. 2012. The challenges of measuring methane fluxes and concentrations over a peatland pasture. Agricultural and Forest Meteorology, 153: 177-187.

Berger B W, Davis K J, Yi C X, et al. 2001. Long-term carbon dioxide fluxes from a very tall tower in a northern forest: flux measurement methodology. Journal of Atmospheric and Oceanic Technology, 18(4): 529-542.

Detto M, Verfaillie J, Anderson F, et al. 2011. Comparing laser-based open- and closed-path gas analyzers to measure methane fluxes using the eddy covariance method. Agricultural and Forest Meteorology, 151(10): 1312-1324.

Finnigan J J, Clement R, Malhi Y, et al. 2003. A re-evaluation of long-term flux measurement techniques. Part Ⅰ: averaging and coordinate rotation. Boundary-Layer Meteorology, 107(1): 1-48.

Goulden M L, Miller S D, da Rocha H R. 2006. Nocturnal cold air drainage and pooling in a tropical forest. Journal of Geophysical Research-Atmospheres, 111: D08S04.

Heijmans M M P D, Arp W J, Chapin F S. 2004. Carbon dioxide and water vapour exchange from understory species in boreal forest. Agricultural and Forest Meteorology, 123(3-4): 135-147.

Ibrom A, Dellwik E, Flyvbjerg H, et al. 2007. Strong low-pass filtering effects on water vapour flux measurements with closed-path eddy correlation systems. Agricultural and Forest Meteorology, 147(3-4): 140-156.

Iwata H, Kosugi Y, Ono K, et al. 2014. Cross-Validation of open-path and closed-path eddy-covariance techniques for observing methane fluxes. Boundary-Layer Meteorology, 151(1): 95-118.

Kroon P S, Hensen A, Jonker H J J, et al. 2007. Suitability of quantum cascade laser spectroscopy for CH₄ and N₂O eddy covariance flux measurements. Biogeosciences, 4(5): 715-728.

Leuning R, Judd M J. 1996. The relative merits of open- and closed-path analysers for measurement of eddy fluxes. Global Change Biology, 2(3): 241-253.

Leuning R, King K M. 1992. Comparison of eddy-covariance measurements of $CO_2$, fluxes by open- and closed-path $CO_2$ analysers. Boundary-Layer Meteorology, 59(3): 297-311.

Oechel W C, Laskowski C A, Burba G B, et al. 2014. Annual patterns and budget of $CO_2$ flux in an Arctic tussock tundra ecosystem. Journal of Geophysical Research-Biogeoscience, 119: 323-339.

Peltola O, Mammarella I, Haapanala S, et al. 2013. Field intercomparison of four methane gas analyzers suitable for eddy covariance flux measurements. Biogeosciences, 10(6): 3749-3765.

Vickers D, Mahrt L. 1997. Quality control and flux sampling problems for tower and aircraft data. Journal of Atmospheric and Oceanic Technology, 14(3): 512-526.

Wilson K, Goldstein A, Falge E, et al. 2002. Energy balance closure at FLUXNET sites. Agricultural and Forest Meteorology, 113: 223-243.

# 第3章 碳通量缺失数据插补方法的比较

涡度相关法是直接测定陆地生态系统水热碳氮通量的重要方法,已被广泛应用于陆地生态系统通量观测研究中。观测仪器需要定期进行校准,加之系统故障(仪器故障或供电系统故障)、外界干扰(极端天气条件)、观测条件不符合通量观测要求(夜间大气层结稳定)等因素的影响,经常导致原始数据的缺失及异常值的出现。在进行剔除低湍流条件(Aubinet et al.,1999)下的数据等数据质量控制后,最终数据年均缺失为20%~65%,且有时还会出现长时段数据连续缺失。为了获取完整和可靠的通量数据,需要采取合理的插补方法对缺失数据进行插补。

目前,数据插补的常用方法有:平均日变化法(mean diurnal variation,MDV)(Falge et al.,2001)、查表法(look-up table,LUT)(Falge et al.,2001)、非线性回归法(non-linear regression,NLR)(Barr et al.,2004;Hollinger et al.,2004;Desai et al.,2005;Richardson et al.,2006;Noormets et al.,2007)、边际分布采样法(marginal distribution sampling,MDS)(Reichstein et al.,2005)和人工神经网络法(artificial neural network,ANN)(Papale and Valentini,2003;张琨等,2014)等,但一直未形成共识的缺失数据插补方案。以往针对通量数据缺失插补方法的研究,大多关注不同数据插补方法在较短时间缺失情景下的插补性能,对不同方法在长时段且连续缺失情景下的插补精度和稳定性及其能够取得较好插补效果的缺失范围关注较少。

本章基于涡度相关法观测的 2017 年 $CO_2$ 通量数据,在人工随机生成连续 1 天、3 天、7 天、15 天和 31 天数据缺失的情景下,对比分析 MDV、LUT、NLR、MDS 和 ANN 数据插补方法的插补精度与稳定性,并评估不同数据插补方法对缺失片段长度的敏感性,探讨不同插补方法所适用的数据缺失长度,为涡度相关法山地森林生态系统通量观测数据插补方法的选择提供参考,为准确估算区域碳收支、预测气候变化对碳储存及碳汇的影响、深入量化净生态系统碳交换量(net ecosystem exchange,NEE)等提供理论基础。

## 3.1 $CO_2$ 通量数据插补

为评估不同数据插补方法对缺失片段长度的敏感性,随机生成缺失片段重复次数不同,但缺失总数大致相同,以连续 1 天、3 天、7 天、15 天和 31 天数据为缺失片段的 5 类缺失情景(表 3.1),各缺失片段均服从随机分布,每类缺失数据约占全部数据的 10%。为提高数据利用率，各类情景重复 10 次，并与基准数据集相叠加，生成 50 个人工缺失数据集。

表 3.1  5 类缺失情景简表

| 数据连续缺失时间（天） | 重复次数 | 缺失数据个数 |
| --- | --- | --- |
| 1 | 30 | 1440 |
| 3 | 10 | 1440 |
| 7 | 4 | 1344 |
| 15 | 2 | 1440 |
| 31 | 1 | 1488 |

### 3.1.1 插补方法

#### 3.1.1.1 平均日变化法

平均日变化法（MDV）使用邻近一段时间内相同时段的观测平均值来代替缺失值，分为独立窗口法和滑动窗口法（Falge et al.，2001）。独立窗口法使用特定窗口内任一时间点在该时刻所有有效观测数据的平均值来代替缺失值，一般要求窗口内至少有 4 个有效观测数据。滑动窗口法则使用缺失数据周围指定大小窗口内的所有有效观测数据的平均值来代替缺失值，窗口大小通常为 4~15 天。

采用独立窗口法：

$$\overline{X}_{h,i} = \overline{X_{h,k=n(i-1)+1,\cdots,ni}} \tag{3.1}$$

式中，$h$（取值 1,2,…,48）为一天中每半小时的索引，$i$（取值 1,2,…,interger($d/n$)+1）为平均窗口的索引，$n$ 为窗口大小，$d$ 为一年的天数，$k$ 为一中间变量，上划线表示排除缺失数据后对该上划线下的子集进行算术平均，下划线表示消除子集中缺失值后的索引。

窗口大小选择：①固定窗口大小为 30 天；②可变窗口，先以 7 天为窗口插补数据，若还有数据缺失，则逐步扩大窗口为 14、21、28 天……，直至完成对全部缺失数据的插补。

分别使用 Excel 和 R Package 'REddyProc' sEddyProc_sFillMDC 命令基于窗口①和②进行缺失 NEE 数据的插补，分别记为 MDV 和 MDC（可变窗口平均日变化法）。

#### 3.1.1.2 查表法

查表法（LUT）基于 6 个双月或 4 个季节时段，建立特定站点各种气象条件下的 NEE 索引表，根据缺失数据时段的气象条件在 NEE 索引表中查找相似环境下的 NEE 来代替缺失数据（Falge et al.，2001）。通常选取光强和温度作为索引因子，光强以 100μmol/(m²·s)的间隔从 0 渐增至 2200μmol/(m²·s)，温度以 2℃ 的间隔从可能最低温度到可能最高温度，缺失 NEE 数据用线性内插法生成。使用 R Package 'REddyProc' sEddyProc_sFillLUT 命令建立季节索引表进行数据插补，记为 LUT。

### 3.1.1.3 非线性回归法

非线性回归法（NLR）基于参数化非线性方程，通过建立一定时间内有效 NEE 观测值与相关环境因子（如温度和光强）的经验方程，根据缺失时段的环境因子估算缺失的 NEE（Richardson et al.，2006；Noormets et al.，2007）。通常，将日间与夜间的 NEE 数据分开处理，使用呼吸方程来计算夜间 NEE（等于夜间生态呼吸），使用光响应方程结合日间生态系统呼吸来计算日间 NEE；进行回归分析的时段无明确限定。使用 R Package 'Nonlinear Least Squares' nls 命令拟合呼吸方程和光响应方程进行数据插补，记为 NLR。

呼吸方程采用 Lloyd & Taylor 方程（Lloyd and Taylor，1994；Falge et al.，2001）：

$$F_{RE,night} = F_{RE,T_{ref}} \exp\left[E_0\left(\frac{1}{T_{ref}-T_0} - \frac{1}{T_k-T}\right)\right] \quad (3.2)$$

式中，$F_{RE,night}$ 是夜间生态系统呼吸 [等于夜间的 NEE，μmol/(m²·s)，以 $CO_2$ 物质的量计]；$E_0$ 是常量，常设为 309K；$T_{ref}$ 是参考温度（K），一般为 298.16K；$F_{RE,T_{ref}}$ 是参考温度下的生态系统呼吸 [μmol/(m²·s)，以 $CO_2$ 物质的量计]；$T_0$ 是生态系统呼吸为 0 时的温度（K）；$T_k$ 为空气或土壤温度（K）。参数 $T_0$ 和 $F_{RE,T_{ref}}$ 通过观测数据回归拟合得到。

光响应方程采用米氏（Michaelis-Menten）方程（Falge et al.，2001）：

$$NEE = \frac{\alpha' Q_{PPFD}}{\left[1-\left(\frac{Q_{PPFD}}{2000}\right)+\left(\frac{\alpha' Q_{PPFD}}{F_{GPP,opt}}\right)\right]} - F_{RE,day} \quad (3.3)$$

式中，$Q_{PPFD}$ 是光量子通量密度[μmol/(m²·s)]；$\alpha'$ 是生态系统量子效率（μmol $CO_2$/μmol quanta）；$F_{GPP,opt}$ 是最佳光照条件下的总初级生产力 [μmol/(m²·s)，以 $CO_2$ 物质的量计]；$F_{RE,day}$ 是日间的生态系统呼吸 [μmol/(m²·s)，以 $CO_2$ 物质的量计]。参数 $\alpha'$ 和 $F_{GPP,opt}$ 通过观测数据回归拟合得到。

### 3.1.1.4 边际分布采样法

边际分布采样法（MDS）是平均日变化法和查表法的综合使用，在气温、太阳辐射和饱和水汽压差（vapor pressure deficit，VPD）等气象要素观测数据均可用时，在一定的时间窗口（缺失数据前后14～28天）内，按气温为2.5℃、太阳辐射为50W/m²和饱和水汽压差为0.5kPa的变异步长插补数据；只有辐射数据可用时，插补的时间窗口缩小至前后14天；上述气象要素数据均缺失时，则使用平均日变化法插补缺失数据；若仍有缺失则扩大时间窗口重复上述步骤，直至完成对所有缺失数据的插补（Reichstein et al.，2005）。使用 R Package 'REddyProc' sEddyProc_sMDSGapFill 命令对缺失数据进行插补，记为 MDS。

#### 3.1.1.5 人工神经网络法

人工神经网络法（ANN）基于计算机网络模拟人脑或生物神经的网络结构和激励行为，通过建立经验非线性回归模型进行数据插补（Papale and Valentini，2003；张琨等，2014）。目前，较常使用的是在监督训练程序下能够模拟各环境因子间复杂关系的前馈反向传播神经网络（feed-forward back-propagation neural network）。在气象样本数据信号（通常经过标准化处理转换为[0,1]）由输入层进入神经网络各节点后，各输入变量都被乘以分配给该节点的权重值，并经转换函数反复校正各层神经元之间的连接权重，使得误差评价函数最优，实现网络实际输出与期望输出的误差最小化。

以总辐射（$R_a$）、气温（$T_a$）和 VPD 为输入变量，以 70%的数据作为训练集（training set）、15%的数据作为验证集（validation set）、15%的数据作为测试集（testing set），使用 Matlab Neural Net Fit 工具箱构建具有 10 个隐含神经元、基于贝叶斯正则化（Bayesian regularization）的神经网络来进行数据插补，记为 ANN。

### 3.1.2 统计参数

使用决定系数（$R^2$）、绝对均方根误差（ARMSE）、相对均方根误差（RRMSE）、平均绝对误差（MAE）和偏差（BE）来评估各插补方法的性能。具体公式如下。

$$R^2 = \frac{\left[\sum(p_i - \bar{p})(o_i - \bar{o})\right]^2}{\sum(p_i - \bar{p})^2 \sum(o_i - \bar{o})^2} \tag{3.4}$$

$$\text{ARMSE} = \sqrt{\frac{1}{N}\sum(p_i - o_i)^2} \tag{3.5}$$

$$\text{RRMSE} = \sqrt{\frac{\sum(p_i - o_i)^2}{\sum(o_i)^2}} \tag{3.6}$$

$$\text{MAE} = \frac{1}{N}\sum|p_i - o_i| \tag{3.7}$$

$$\mathrm{BE} = \frac{1}{N} \sum (p_i - o_i) \tag{3.8}$$

式中，$p_i$ 为各插补方法预测的 NEE［μmol/(m²·s)，以 $CO_2$ 物质的量计］；$o_i$ 为实际观测的 NEE［μmol/(m²·s)，以 $CO_2$ 物质的量计］；$\bar{p}$ 为各插补方法预测 NEE 的均值［μmol/(m²·s)，以 $CO_2$ 物质的量计］；$\bar{o}$ 为实际观测 NEE 的均值［μmol/(m²·s)，以 $CO_2$ 物质的量计］；$N$ 为样本数。

由于在基准数据集中，日间（$R_a \geqslant 20\mathrm{W/m}^2$）和夜间（$R_a < 20\mathrm{W/m}^2$）的数据缺失比率不同，在对插补方法进行比较时，若将日间和夜间整合分析，白天和黑夜对统计指标的贡献权重会影响最终的结果，带来一定的偏差。因此，本章单独计算和分析日间和夜间的统计参数。使用 SPSS 对统计参数进行方差分析（analysis of variance，ANOVA）和多重比较。

## 3.2 不同数据插补方法日间通量插补效果的比较

图 3.1 展示了不同数据缺失情景下，不同插补方法对日间 NEE 进行插补时预测值与实测值间 $R^2$、ARMSE、RRMSE、BE 和 MAE 的分布情况。表 3.2 表明日间 NEE 插补的 $R^2$ 和 RRMSE 主要与缺失片段长度和数据插补方法有关，而与二者的交互作用关系较弱。表 3.3 则对比了各种数据缺失情景下，不同数据插补方法 $R^2$ 和 RRMSE 差异的显著性。

通过对比不同插补方法在不同数据缺失时间情景下日间通量数据插补值与实际观测值的相关系数（$R^2$）（图 3.1），可以发现：在 5 类数据缺失情景下，不同方法插补所得日间 NEE 值与实测 NEE 值间的 $R^2$ 均在 0.5 以下；NLR 的 $R^2$ 最低，始终在 0.2 以下；LUT 在连续 1 天和 3 天数据缺失情景下极差较小（极差在 0.12 以下），在连续数据缺失达到 7 天时极差明显增大（极差始终大于 0.18）。MDV 和 MDC 的 $R^2$ 在连续 1 天、3 天和 7 天数据缺失情景下波动较小，结果相对稳定，在连续 15 天和 31 天数据缺失情景下变异系数显著增大；MDS 和 ANN 的 $R^2$ 在连续 1 天、3 天、7 天和 15 天缺失情景下波动较为稳定（极差在 0.2 左右），在连续 31 天缺失情景下极差开始增大，分布更为离散，获得结果的稳定性趋于减弱。

RRMSE、ARMSE 和 BE 三种统计参数表现出了相对一致的趋势。在连续缺失小于等于 15 天时，LUT 插补所得日间 NEE 值与实测 NEE 值间的 RRMSE 明显低于其他方法，平均值在 0.4 左右，极差相对较小，分布较为集中，但在连续 31 天缺失情景下，极差显著增大，分布较为离散。MDV、MDC、MDS 的 RRMSE 在连续 1 天、3 天和 7 天缺失情景下波动较小，在连续 15 天和 31 天数据缺失情景下极差显著增大；NLR 和 ANN 的 RRMSE 波动相对平稳，在连续 31 天缺失情景下，极差有增大的趋势，分布开始更为离散。

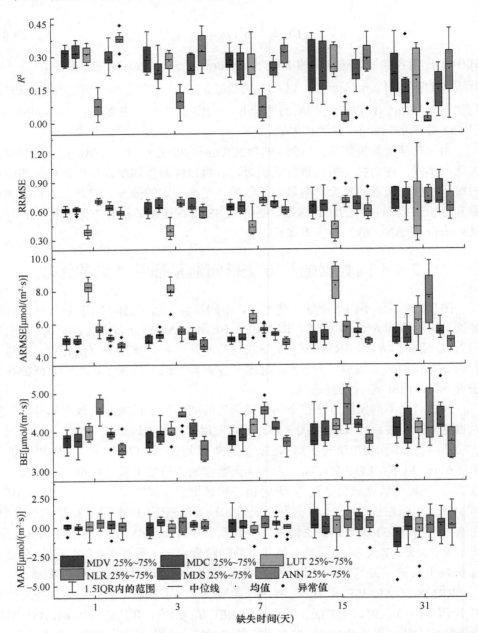

图 3.1 不同数据缺失情景下不同插补方法所得日间数据集的统计参数（彩图请见书后彩插）

$R^2$ 为插补所得 NEE 与实测 NEE 的决定系数、RRMSE 为相对均方根误差、ARMSE 为绝对均方根误差、BE 为偏差、MAE 为平均绝对误差。MDV 为固定窗口平均日变化法、MDC 为可变窗口平均日变化法、LUT 为查表法、NLR 为非线性回归法、MDS 为边际分布采样法、ANN 为人工神经网络法、IQR 为四分位距。下同

**表 3.2　日间数据不同插补方法 $R^2$ 和 RRMSE 方差分析汇总表**

| 日间 | $R^2$ | | | | | RRMSE | | | | |
|---|---|---|---|---|---|---|---|---|---|---|
| | III型平方和 | df | 均方 | $F$ | 显著性 | III型平方和 | df | 均方 | $F$ | 显著性 |
| 修正模型 | 3.499[a] | 29 | 0.121 | 26.340 | 0.000 | 1.355[b] | 29 | 0.047 | 7.675 | 0.000 |
| 截距 | 11.163 | 1 | 11.163 | 2 436.910 | 0.000 | 142.301 | 1 | 142.301 | 23 371.443 | 0.000 |
| 缺失片段长度 | 0.427 | 4 | 0.107 | 23.292 | 0.000 | 0.273 | 4 | 0.068 | 11.224 | 0.000 |
| 插补方法 | 3.005 | 5 | 0.601 | 131.204 | 0.000 | 1.009 | 5 | 0.202 | 33.158 | 0.000 |
| 缺失片段长度*插补方法 | 0.067 | 20 | 0.003 | 0.734 | 0.790 | 0.072 | 20 | 0.004 | 0.594 | 0.916 |
| 误差 | 1.237 | 270 | 0.005 | | | 1.644 | 270 | 0.006 | | |
| 总计 | 15.899 | 300 | | | | 145.300 | 300 | | | |
| 修正后总计 | 4.736 | 299 | | | | 2.999 | 299 | | | |

*表示交互作用
[a] 调整后 $R^2 = 0.711$（$\alpha = 0.05$）
[b] 调整后 $R^2 = 0.393$（$\alpha = 0.05$）

**表 3.3　日间数据不同插补方法 $R^2$ 和 RRMSE 多重比较汇总表（Duncan 法）**

| 连续缺失（天） | $R^2$ | | | | | | RRMSE | | | | | |
|---|---|---|---|---|---|---|---|---|---|---|---|---|
| | MDV | MDC | LUT | NLR | MDS | ANN | MDV | MDC | LUT | NLR | MDS | ANN |
| 1 | b | b | b | c | b | a | bc | bc | d | a | b | c |
| 3 | ab | c | abc | d | bc | a | bc | ab | d | a | ab | c |
| 7 | ab | ab | b | c | b | a | bc | bc | b | a | ab | c |
| 15 | a | a | a | b | a | a | a | a | b | a | a | a |
| 31 | a | a | a | b | a | a | a | a | a | a | a | a |

注：同一行不同小写字母表示同一缺失情景下不同插补方法在 $\alpha=0.05$ 水平上差异显著。表 3.5 同

与 RRMSE 等不同，在连续缺失小于 15 天时，各插补方法所得日间 NEE 值与实测 NEE 值间的 MAE 无明显差异，分布较为集中；在连续数据缺失 31 天情景下，MDV 的 MAE 出现较多异常值，各方法之间的 MAE 开始出现分化的趋势。

同时，由表 3.3 可得，在连续 1 天数据缺失情景下，ANN 的 $R^2$ 最高，NLR 的 $R^2$ 最低，与其他方法存在显著差异（$P<0.05$）；在连续 3 天和连续 7 天缺失情景下，NLR 的 $R^2$ 仍显著最低，ANN 的 $R^2$ 较高，但与 MDV 差异不显著（$P<0.05$）；当缺失达到连续 15 天时，NLR 的 $R^2$ 最低，与其他方法差异显著（$P<0.05$），而其他方法间 $R^2$ 差异不显著。当数据缺失达到连续 31 天时，除 NLR 的 $R^2$ 较低外，各方法的 $R^2$ 差异不显著。

在连续 1 天数据缺失情景下，LUT 的 RRMSE 最低，NLR 的 RRMSE 最高，与其他方法存在显著差异（$P<0.05$）；在连续 3 天和连续 7 天数据缺失情景下，LUT 的 RRMSE 仍最低，NLR 的 RRMSE 较高，但与 MDS 差异不显著，与 MDV

和 ANN 差异显著（$P<0.05$）；当缺失达到连续 15 天时，LUT 的 RRMSE 较低，与其他方法有显著差异（$P<0.05$），而其他方法间 RRMSE 差异不显著；当数据缺失达到连续 31 天时，各方法的 RRMSE 无显著差异。

## 3.3 不同数据插补方法夜间通量插补效果的比较

与日间通量插补结果不同，在 5 类缺失情景下，夜间通量插补 $R^2$ 普遍较小（图 3.2）。不同数据插补方法 $R^2$ 始终在 0.2 以下，随数据缺失片段长度的增加具有不太明显的减小趋势，且波动始终相对较大，插补结果的数据稳定性随缺失片段长度的增加变化不明显。LUT 的 $R^2$ 始终很小，分布集中且趋近于 0；MDV 的 $R^2$ 相对稳定，随连续数据缺失片段的增加无明显变化；ANN 的 $R^2$ 相对较高，但始终存在较大波动，稳定性较差，随着数据连续缺失片段的增加分布趋于集中；在数据连续缺失片段增加到 7 天时，各方法的平均 $R^2$ 趋于相等，差异越来越小；在数据连续缺失片段增加到 15 天时，MDC、MDS 和 NLR 的 $R^2$ 趋于稳定。

与日间相似，夜间不同缺失情景下不同插补方法的 ARMSE、RRMSE 和 BE 三种统计参数的表现趋势也相对一致，仍以 RRMSE 作为代表进行分析。在各类缺失情景下，LUT 插补所得夜间 NEE 值与实测 NEE 值间的 RRMSE 明显高于其他方法，平均值始终在 0.9 以上，且极差相对较大，分布较为离散；NLR 和 MDS 的 RRMSE 在数据连续 1 天和 3 天缺失情景下波动较小，在数据连续缺失达到 7 天时分布开始趋于离散；与 MDV 不同，MDC 和 ANN 的 RRMSE 波动相对平稳，在各数据缺失情景下具有相似的极差。

夜间不同方法插补所得夜间 NEE 值与实测 NEE 值间的 MAE 远低于日间；LUT 的 MAE 始终为正，明显高于其他方法，且分布较为离散，在数据连续缺失 1 天的情景下，极差约为其他方法的 2 倍；在数据连续缺失时段长度达到 7 天时，除 LUT 外，其他方法的 MAE 开始出现较大的波动，分布趋于离散；在 5 类数据缺失情景下，除 LUT 外，其他方法的 MAE 无明显差异，与其他方法相比，MDV 的 MAE 更趋近于 0，NLR、MDS 和 ANN 的 MAE 趋近于负值。

表 3.4 表明夜间 NEE 插补的 $R^2$ 主要与缺失片段长度和数据插补方法有关，与二者的交互作用关系较弱，与日间类似；而夜间 NEE 插补的 RRMSE 则主要与数据插补方法有关，与缺失片段长度和数据插补方法的交互作用关系较弱。同时，由表 3.5 可得，在各缺失情景下，ANN 的 $R^2$ 较高，LUT 的 $R^2$ 较低，二者之间差异显著（$P<0.05$）；在数据连续缺失片段长度大于 3 天的情景下，ANN 与 MDV、NLR 的 $R^2$ 差异不再显著；在连续缺失片段达到 15 天的情景下，ANN 与 MDS 的 $R^2$ 出现显著差异（$P<0.05$）；而在连续缺失片段达到 31 天时，ANN 与 MDC 的 $R^2$ 出现显著差异（$P<0.05$）。

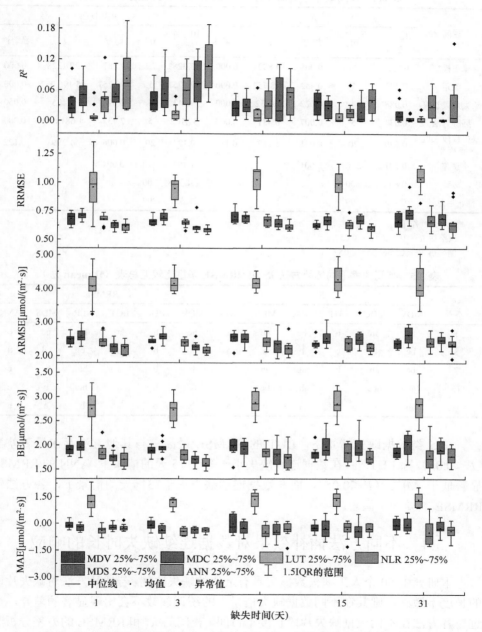

图 3.2 不同数据缺失情景下不同插补方法所得夜间数据集的统计参数
（彩图请见书后彩插）

表 3.4　夜间数据不同插补方法 $R^2$ 和 RRMSE 方差分析汇总表

| 夜间 | $R^2$ | | | | | RRMSE | | | | |
|---|---|---|---|---|---|---|---|---|---|---|
| | III型平方和 | df | 均方 | F | 显著性 | III型平方和 | df | 均方 | F | 显著性 |
| 修正模型 | 0.152[a] | 29 | 0.005 | 4.852 | 0.000 | 37.328[b] | 29 | 1.287 | 291.228 | 0.000 |
| 截距 | 0.452 | 1 | 0.452 | 418.752 | 0.000 | 199.757 | 1 | 199.757 | 45 196.057 | 0.000 |
| 缺失片段长度 | 0.088 | 4 | 0.022 | 20.432 | 0.000 | 0.043 | 4 | 0.011 | 2.405 | 0.050 |
| 插补方法 | 0.034 | 5 | 0.007 | 6.331 | 0.000 | 37.162 | 5 | 7.432 | 1 681.600 | 0.000 |
| 缺失片段长度*插补方法 | 0.029 | 20 | 0.001 | 1.367 | 0.138 | 0.124 | 20 | 0.006 | 1.399 | 0.122 |
| 误差 | 0.291 | 270 | 0.001 | | | 1.193 | 270 | 0.004 | | |
| 总计 | 0.895 | 300 | | | | 238.278 | 300 | | | |
| 修正后总计 | 0.443 | 299 | | | | 38.521 | 299 | | | |

\* 表示交互作用
[a] 调整后 $R^2 = 0.272$（$\alpha = 0.05$）
[b] 调整后 $R^2 = 0.966$（$\alpha = 0.05$）

表 3.5　夜间数据不同插补方法 $R^2$ 和 RRMSE 多重比较汇总表（Duncan 法）

| 连续缺失（天） | $R^2$ | | | | | | RRMSE | | | | | |
|---|---|---|---|---|---|---|---|---|---|---|---|---|
| | MDV | MDC | LUT | NLR | MDS | ANN | MDV | MDC | LUT | NLR | MDS | ANN |
| 1 | bc | ab | c | bc | ab | a | bc | b | a | bc | bc | c |
| 3 | bc | b | c | b | b | a | bc | b | a | c | cd | d |
| 7 | bc | ab | b | ab | ab | a | b | b | a | bc | bc | c |
| 15 | ab | abc | c | abc | bc | a | bc | b | a | bc | b | c |
| 31 | ab | b | b | a | b | a | b | b | a | b | b | b |

在 5 类数据缺失情景下，LUT 的 RRMSE 最高，与其他方法存在显著差异（$P<0.05$）。除 LUT 外，在数据连续缺失小于等于 15 天的情景下，ANN 的 RRMSE 显著低于 MDC（$P<0.05$），而在数据连续缺失大于 31 天的情景下，各方法的 RRMSE 差异均不显著。

## 3.4　不同方法插补效果对数据连续缺失时长的响应

本研究中 50 个人工缺失数据集具有近似的缺失比例，若插补方法对缺失片段的长度不敏感，则其在不同数据缺失情景下的统计参数不会出现显著的差异。通过对各方法在不同数据缺失片段长度下日间、夜间的 $R^2$ 和 RRMSE 的方差分析与多重比较，为确定各插补方法的适用范围提供参考依据。

如表 3.6 所示，在日间，随着缺失片段长度的增加，除 MDV 外，各方法的 $R^2$ 均呈下降趋势，MDS 的 $R^2$ 在连续 15 天缺失与连续 31 天缺失情景下的 $R^2$ 差异显著（$P<0.05$）；MDC 和 NLR 的 $R^2$ 在连续 7 天缺失与连续 31 天缺失情景下的 $R^2$ 差异显著（$P<0.05$）；LUT 和 ANN 的 $R^2$ 在连续 3 天缺失与连续 31 天缺失情景下的 $R^2$ 差异显著（$P<0.05$）；MDV 的 $R^2$ 始终无显著差异。而随着缺失片段长度的增加，MDV 和 MDS 的 RRMSE 呈增大趋势，连续 1 天缺失与连续 31 天缺失情景下的 RRMSE 差异显著（$P<0.05$）；其他方法的 RRMSE 差异相对不显著。

表 3.6　不同插补方法不同时段 $R^2$ 和 RRMSE 多重比较汇总表（Duncan 法）

| 插补方法 | 情景 | $R^2$ | | | | | RRMSE | | | | |
|---|---|---|---|---|---|---|---|---|---|---|---|
| | | 1 | 3 | 7 | 15 | 31 | 1 | 3 | 7 | 15 | 31 |
| MDV | 白天 | a | a | a | a | a | b | b | b | b | a |
| | 夜间 | ab | a | ab | ab | b | a | ab | a | b | ab |
| MDC | 白天 | a | b | ab | bc | c | a | ab | ab | ab | a |
| | 夜间 | a | a | ab | bc | c | ab | ab | ab | b | a |
| LUT | 白天 | a | a | ab | ab | b | b | b | ab | ab | a |
| | 夜间 | a | a | a | a | a | a | a | a | a | a |
| NLR | 白天 | ab | a | ab | bc | c | a | a | a | a | a |
| | 夜间 | a | a | a | a | a | a | a | a | a | a |
| MDS | 白天 | a | ab | ab | c | c | b | b | b | b | a |
| | 夜间 | a | a | ab | bc | c | bc | c | abc | ab | a |
| ANN | 白天 | a | ab | abc | bc | c | b | b | ab | ab | a |
| | 夜间 | ab | a | bc | c | c | a | a | a | a | a |

注：同一行不同小写字母表示同一插补方法在不同缺失情景下 $\alpha=0.05$ 水平上差异显著

在夜间，随着缺失片段长度的增加，MDC、MDS 和 ANN 的 $R^2$ 呈下降趋势，MDC 和 MDS 在连续 7 天缺失与连续 31 天缺失情景下的 $R^2$ 差异显著（$P<0.05$），ANN 在连续 1 天和连续 3 天缺失与连续 15 天和连续 31 天缺失情景下的 $R^2$ 差异显著（$P<0.05$），MDV 与 LUT 的 $R^2$ 始终无显著差异。而随着缺失片段长度的增加，各方法的 RRMSE 差异无显著变化。

## 3.5　不同方法典型晴天数据插补效果的比较

为探究不同方法在半小时尺度上的数据插补效果，以在 5 类数据缺失情景中均涉及的生长稳定的典型晴天 2017 年 5 月 25 日 NEE 数据（数据缺失率为 8%）为例，对比插补 NEE 与实测 NEE 的差异，分析各方法在不同数据缺失情景下对 NEE 日变化趋势的还原效果（图 3.3）。

MDV 在 1 天、3 天连续数据缺失情景下，对半小时尺度 NEE 数据插补效果相对较好，但当数据连续缺失达到 7 天时，对夜间半小时尺度 NEE 开始出现较为明显的低估，对日间半小时尺度 NEE 开始出现较为明显的高估，不能准确预测日

间 $CO_2$ 的吸收峰值。

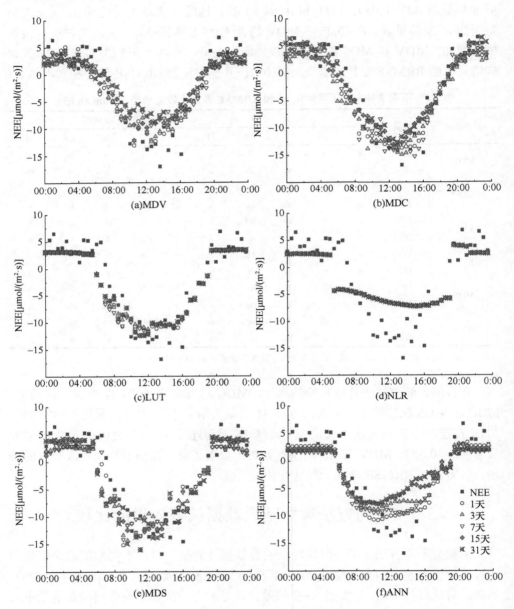

图 3.3 典型晴天下不同插补方法对半小时 NEE 日变化的还原（2017 年 5 月 25 日）

MDC 对半小时尺度 NEE 数据插补效果相对最优，在不同连续数据缺失情景下均能够较好地还原 NEE 的日变化。

LUT 对夜间半小时尺度 NEE 存在明显且稳定的低估，在不同连续数据缺失情景下无明显差异，对日间半小时尺度 NEE 预测相对较好，在 6:00~9:30 存在一定程度的低估，在 10:00~16:00 存在一定程度的高估，使得日变化曲线在 12:00~15:00 时出现不明显的"上凸"现象。

NLR 在不同数据缺失情景下，插补效果相对稳定，但对夜间半小时尺度 NEE 存在明显低估，对日间半小时尺度 NEE 存在明显高估，"U"形曲线不明显，对 NEE 日变化趋势的还原效果最差。

与 MDV 和 MDC 类似，MDS 能够在一定程度上还原夜间半小时尺度 NEE 的波动，但还原效果会随着连续数据缺失片段长度的增加而降低；与 MDV 和 MDC 不同，MDS 对日间半小时尺度 NEE 曲线的还原具有明显的左偏现象，在 9:00 左右会出现一个极小值。

与 LUT 和 NLR 类似，ANN 对夜间半小时尺度 NEE 预测相对较差，存在明显的低估，不能捕捉到夜间 NEE 的波动。同时，ANN 对日间 NEE 存在高估，预测 NEE 最小值出现的时间比实际观测提前 4h（由 14:00 提前至 10:00），与实际 NEE 曲线相比在 10:00~16:00 存在明显"上凸"现象。随着数据缺失片段长度的增加，ANN 对夜间 NEE 的低估和对日间 NEE 的高估程度呈增加趋势。

## 3.6 讨　　论

在对缺失 NEE 数据进行插补时，日间和夜间 NEE 插补效果存在显著差异，日间不同方法插补所得 NEE 数据集的 $R^2$ 明显高于夜间，RRMSE 明显低于夜间，插补效果明显优于夜间。

日间大气层结不稳定，热量交换频繁，对流作用较强，适合湍流交换，基本满足利用涡度相关观测系统进行通量观测的要求，经过数据质量控制后数据缺失较少。而夜间辐射冷却导致大气层结稳定，对流较弱，抑制湍流混合，涡度相关法通量观测效果较差，在剔除不满足通量观测条件的值后，往往会产生较多的数据缺失。同时，夜间经常发生平流、泄流效应，垂直方向上湍流运动倾向于向高频移动，以小涡运动占优势，开路式涡度相关观测系统传感器的分离等会造成观测仪器响应的不足，进而引起对夜间通量的低估，引入选择性系统误差（于贵瑞等，2018）。在对 NEE 数据进行插补时，由于夜间可用样本数远低于日间，再加上夜间涡度相关法更倾向于低估 NEE 的特性，夜间 NEE 插补效果远低于日间。

不同插补方法的通量插补效果存在差异。不管是日间还是夜间，ANN 往往总能取得相对较好的插补结果，而 NLR 则相对表现较差；LUT 在日间的表现明显优于夜间；MDV、MDC 和 MDS 之间差异不显著。

与 Moffat 等（2007）和 Du 等（2014）的研究结果相比，本站点各方法对 NEE

数据插补结果的 $R^2$ 相对较低。这可能与站点因素有关，本章所用通量观测数据来源于山地丘陵林区，下垫面相对较为复杂，与农田和草地相比，对通量观测和数据插补的要求更高。

而与 Moffat 等（2007）、Dragomir 等（2012）、Ooba 等（2006）的结果类似，ANN 在数据连续缺失小于 7 天时，数据插补结果的 $R^2$ 比较稳定，高于其他方法，RRMSE 也相对较低，表现出较好的数据插补效果。ANN 对半小时尺度 NEE 的日变化还原较差，倾向于高估中午时分的 NEE，一方面源于统计平均效应，另一方面也与输入参数的数量有关。除将总辐射、气温、饱和水汽压作为输入参数外，进一步增加土壤温湿度、风速等气象因子，并引入季节、生长期等非连续变量，可能进一步提高 ANN 的精度。

NLR 在夜间通量插补中表现出较高的 $R^2$ 和较低的 RRMSE，但在日间通量插补中则相反，与 Moffat 等（2007）、Zhao 和 Huang（2015）等得出的 NLR 在日间仍表现相对较好的结果存在差异。这可能与环境响应方程的选择和拟合方程时所选择的时段有关，不同物候期内栓皮栎人工林可能具有不同的光响应曲线，使用单月或更为精细的物候分期分段拟合环境响应方程或先将观测数据按温度分组后再用环境响应方程进行回归模拟可能会取得更好的插补效果。

LUT 在日间通量插补中表现出较高的 $R^2$ 和较低的 RRMSE，在夜间通量插补中则相反。夜间可用实测 NEE 的数据量远少于日间，绝对值也较日间低，在以季节为单位建立索引表时，较多的数据缺失会引起 LUT 倾向于低估夜间 NEE，带来难以避免的系统误差。

MDV、MDC 和 MDS 具有一定的相似性，三种方法均使用缺失数据周围一段时间内相关数据的均值来代替缺失值。但 MDV 和 MDC 并未考虑气象因素，MDS 则以气温、总辐射和饱和水汽压差梯度为限制条件；MDV 的窗口大小是固定的，MDC 和 MDS 的窗口则是动态变化的。与 Falge 等（2001）、Moffat 等（2007）、Zhao 和 Huang（2015）等的研究结果一致，在数据连续缺失 15 天以下情景时，MDV 具有较好的性能。但在统计平均效应的作用下，当数据连续缺失大于 15 天时，MDV 会对日间 NEE 产生高估。在数据连续缺失小于等于 15 天时，MDV、MDC 和 MDS 的 $R^2$ 和 RRMSE 没有显著差异，都能够较好地还原半小时尺度 NEE 的日变化，但 MDC 的还原性能更好。

不同 NEE 插补方法的插补效果与连续数据缺失的持续时间有关。随着数据缺失时间的增加，各插补方法所得日间 NEE 结果的稳定性一般会越来越差。各通量插补方法一般有其适用范围，即在一定限度的数据连续缺失时间内具有较好的插补效果，超过此限度后插补效果会显著降低。ANN 适用范围较广，即使是 31 天的数据连续缺失，往往也能取得较好的插补效果，但在数据连续缺失少于 7 天时能获得更好的结果；LUT、MDV、MDC 和 MDS 的适用限度均在数据连续缺

15 天以内；NLR 表现相对较差，更适合数据连续缺失 7 天内的缺失插补。

Moffat 等（2007）、Dragomir 等（2012）发现 ANN 在数据连续缺失少于 7 天时能获得非常好的结果，在连续 12 天缺失时，仍保持最优的插补效果。即使缺失时间延长至 31 天，ANN 仍能取得较优的插补结果。与 Falge 等（2001）、Moffat 等（2007）、Du 等（2014）、Zhao 和 Huang（2015）等的研究结果一致，在数据缺失 3~7 天，甚至是 12 天左右时，MDV 仍保持较好的性能，但在数据缺失时间继续延长时，其稳定性会大幅下降。Moffat 等（2007）、Du 等（2014）发现 MDS 在数据连续缺失少于 12 天时，MDS 具有较好的插补性能，与本章 MDS 在数据连续缺失达到 15 天时插补性能出现下降且稳定开始变差略有差异。这可能与站点特性有关，Moffat 等（2007）的分析对象为欧洲典型森林，而 Du 等（2014）关注的则是退化草地和玉米农田，与本站点的暖温带落叶阔叶林存在差异，站点的差异可能影响了不同插补方法的适用性及稳定性。

在对缺失 NEE 数据进行插补时，当 NEE 数据缺失少于 15 天且气象数据不可用或缺失严重时，可以使用 MDV 或 MDC；而当 NEE 数据缺失少于 15 天，且气象数据可用时，则优先使用 LUT、ANN 和 MDS；在 NEE 数据缺失大于等于 15 天时，多次利用 ANN 方法进行数据插补并取均值可能是比较好的选择。在关注 NEE 日变化趋势时，可优先使用 MDC。在数据缺失比较严重，可用数据量较少时，NLR 会有比较大的误差。

除站点因素外，不同插补方法选取的时间步长和窗口大小的差异等也会影响缺失通量数据插补效果，进而影响各插补方法的适用性，本章仅考虑了单一站点一年（除冬季）的通量数据，在构建人工缺失集时忽略了实际缺失的分布，所选插补方法在进行插补时所选用的时间步长和窗口大小也不尽相同，其结果可能并不适用于所有站点，但可为其他站点数据插补方法的选择提供参考。同时，部分通量数据的缺失源于降水、露水等异常天气的影响，通过上述方法插补所得的通量数据可能与实际通量有较大差异（显著高估），尤其是不考虑气象因素的 MDV 和 MDC，要准确估计这部分通量，还需与闭路式涡度相关观测系统相结合，进行相应的数据校正研究。

## 3.7 小　　结

在对缺失 NEE 数据进行插补时，由于湍流稳态和开路式涡度相关观测系统传感器分离等的影响，日间插补效果显著优于夜间。

由于数据插补策略的差异，不同插补方法的插补效果存在差异。人工神经网络法数据插补效果总体较好，而非线性回归法则相对表现较差；查表法在日间的表现明显优于夜间，对夜间 NEE 存在低估现象；平均日变化法和边际分布采样法之间差异不显著。

不同 NEE 插补方法的插补效果与连续数据缺失的持续时间有关。随着连续缺失时间的增加，各插补方法所得结果的稳定性一般会越来越差。非线性回归法适用于气象数据完备、NEE 数据连续缺失少于 7 天的情景；平均日变化法适用于气象数据不可用或缺失严重、NEE 数据连续缺失少于 15 天的情景；查表法和边际分布采样法则适用于气象数据缺失较少、NEE 数据连续缺失少于 15 天的情景；人工神经网络法适用范围相对较广，可用于气象数据缺失较少、NEE 数据连续缺失长达 31 天的情景。

## 参 考 文 献

徐小军, 周国模, 杜华强, 等. 2015. 缺失数据插补方法及其参数估计窗口大小对毛竹林 $CO_2$ 通量估算的影响. 林业科学, 51(9): 141-149.

于贵瑞, 孙晓敏, 等. 2018. 陆地生态系统通量观测的原理与方法. 2 版. 北京: 高等教育出版社.

张琨, 朱高峰, 白岩, 等. 2014. 基于人工神经网络的涡度相关仪观测蒸散量的数据插补方法. 兰州大学学报(自然科学版), 50(3): 348-355.

Aubinet M, Grelle A, Ibrom A, et al. 1999. Estimates of the annual net carbon and water exchange of forests: the EUROFLUX methodology. Advances in Ecological Research, 30(1): 113-175.

Barr A G, Black T A, Hogg E H, et al. 2004. Inter-annual variability in the leaf area index of a boreal aspen-hazelnut forest in relation to net ecosystem production. Agricultural and Forest Meteorology, 126 (3): 237-255.

Bishop C M. 1995. Neural networks for pattern recognition. Oxford: Oxford University Press.

Desai A R, Bolstad P V, Cook B D, et al. 2005. Comparing net ecosystem exchange of carbon dioxide between an old-growth and mature forest in the upper Midwest, USA. Agricultural and Forest Meteorology, 128(1-2): 33-55.

Dragomir C M, Klaassen W, Voiculescu M, et al. 2012. Estimating annual $CO_2$ flux for Lutjewad Station using three different gap-filling techniques. The Scientific World Journal, 12: 842-893.

Du Q, Liu H Z, Feng J W, et al. 2014. Effects of different gap filling methods and land surface energy balance closure on annual net ecosystem exchange in a semiarid area of China. Science China Earth Sciences, 57(6): 1340-1351.

Falge E, Baldocchi D, Olson R, et al. 2001. Gap filling strategies for defensible annual sums of net ecosystem exchange. Agricultural and Forest Meteorology, 107(1): 43-69.

Foken T, Göockede M, Mauder M, et al. 2004. Post-field Data Quality Control. Berlin: Springer.

Hollinger D Y, Aber J, Dail B, et al. 2004. Spatial and temporal variability in forest-atmosphere $CO_2$ exchange. Global Change Biology, 10(10): 1689-1706.

Lloyd J, Taylor J A. 1994. On the temperature dependence of soil respiration. Functional Ecology, 8(3): 315-323.

Loescher H W, Law B E, Mahrt L, et al. 2006. Uncertainties in, and interpretation of, carbon flux estimates using the eddy covariance technique. Journal of Geophysical Research: Atmospheres, 111: D21S90.

Michaelis L, Menten M L. 1913. Die kinetik der invertinwirkung. Biochemische Zeitschrift, (49): 333-369.

Moffat A M, Papale D, Reichstein M, et al. 2007. Comprehensive comparison of gap-filling techniques for eddy covariance net carbon fluxes. Agricultural and Forest Meteorology, 147(3): 209-232.

Noormets A, Chen J Q, Crow T R. 2007. Age-dependent changes in ecosystem carbon fluxes in managed forests in Northern Wisconsin, USA. Ecosystems, 10(2): 187-203.

Ooba M, Hirano T, Mogami J I, et al. 2006. Comparisons of gap-filling methods for carbon flux dataset: a combination of a genetic algorithm and an artificial neural network. Ecological Modelling, 198(3): 473-486.

Papale D, Valentini R. 2003. A new assessment of European forests carbon exchanges by eddy fluxes and artificial neural network spatialization. Global Change Biology, 9(4): 525-535.

Reichstein M, Falge E, Baldocchi D, et al. 2005. On the separation of net ecosystem exchange into assimilation and ecosystem respiration: review and improved algorithm. Global Change Biology, 11(9): 1424-1439.

Richardson A D, Braswell B H, Hollinger D Y, et al. 2006. Comparing simple respiration models for eddy flux and dynamic chamber data. Agricultural and Forest Meteorology, 141(2): 219-234.

Rojas R. 1996. Neural Networks. Berlin: Springer.

Stauch V J, Jarvis A J. 2006. A semi-parametric gap-filling model for eddy covariance $CO_2$ flux time series data. Global Change Biology, 12(9): 1707-1716.

Wutzler T, Lucas-Moffat A, Migliavacca M, et al. 2018. Basic and extensible post-processing of eddy covariance flux data with REddyProc. Biogeosciences, 15(16): 5015-5030.

Wutzler T, Moffat A, Migliavacca M, et al. 2017. REddyProc: enabling researchers to process eddy-covariance data. Vienna, Austria: Egu General Assembly Conference.

Zhao X S, Huang Y. 2015. A comparison of three gap filling techniques for eddy covariance net carbon fluxes in short vegetation ecosystems. Advances in Meteorology, 75(3): 1-12.

# 第4章 冠层$CO_2$储存通量

在森林生态系统碳收支各分量研究中，当夜间大气层结稳定或湍流混合作用较弱时，土壤和植物呼吸释放的部分$CO_2$由于大气湍流弱无法达到涡度相关仪器的观测高度，造成部分$CO_2$通量会被储存在植被冠层的大气中，因而低估了夜间生态系统呼吸。此外，冠层内和冠层上方$CO_2$通量的时空变异大，也会低估生态系统呼吸（de Araújo et al.，2010）。因此，有必要开展森林$CO_2$储存通量变化特征的研究。

在小时尺度上，$CO_2$储存通量对于低矮植被 NEE 的影响比较小（Baldocchi et al.，2001）。对于高大植被来说，冠层空气中$CO_2$储存通量对 NEE 日变化过程则具有明显的影响（Hollinger et al.，1994；Baldocchi et al.，1997；Haszpra et al.，2005；de Araújo et al.，2010；张弥等，2010）。在大气稳定层结向不稳定层结的过渡期，森林$CO_2$储存通量变化会达到最大；在大气不稳定、湍流作用较强的午后，$CO_2$储存通量接近于零（Baldocchi et al.，1997；张弥等，2010）。因此，在小时尺度上，忽略$CO_2$储存通量将会给 NEE 的精确估算带来误差（张弥等，2010；王静等，2013）。在日和年尺度上，$CO_2$通量储存效应对碳吸收的影响不明显，原因主要是$CO_2$储存通量的累加值近似为零（Greco and Baldocchi，1996；Baldocchi et al.，2000；吴家兵等，2005）。目前，缺乏研究不同时间尺度$CO_2$储存通量对净生态系统碳交换的贡献，影响了$CO_2$通量估算的准确性。

本章基于$CO_2$浓度廓线法和涡度相关法所得的数据（2008 年），分析了不同天气条件下冠层上方$CO_2$浓度在时间和空间上的变化特征，对比了廓线法和涡度相关法估算的碳储存通量的大小，研究了$CO_2$储存通量的日、季变化特征，以期为准确估算人工林净生态系统碳交换量提供理论依据。

## 4.1 冠层上方$CO_2$浓度变化

### 4.1.1 日变化

大尺度的大气边界层活动日变化是形成冠层上方$CO_2$浓度日变化的主要原因（谭正洪等，2008）。在植物生长季，选择典型晴天和阴天来研究人工混交林植被冠层上方$CO_2$浓度的日变化特征。不同天气条件下人工林冠层上方$CO_2$浓度具有明显的日变化过程（图 4.1a、b）。晴天，日出后随太阳辐射的增强、气温的升高，植被光合作用所消耗的 $CO_2$ 量不断增强。此外，白天太阳辐射比较强时，下垫面上方对流旺盛且强度大，造成大气 $CO_2$ 的扩散速率增大（李英年等，2007），使得植被冠层上方 $CO_2$ 浓度持续下降。到 12:00 左右太阳辐射最强时 $CO_2$ 浓度降到最低（5、6 月分别为 354μmol/mol 和 335μmol/mol）。12:30 以后，冠层上方 $CO_2$ 浓度缓慢上升。一方面，太阳辐射下降造成光合作用吸收 $CO_2$ 的能力减弱；另一方面，气温在 12:30～16:00 仍在升高（图 4.1c、d），这使得土壤呼吸和植物呼吸不断升高。日落以后，植被冠层光合作用停止；受逆温的影响，土壤呼吸和植物呼吸产生的 $CO_2$ 由于夜间大气层比较稳定、空气湍流运动弱而沉积在地表，因此夜间 $CO_2$ 浓度有所上升。

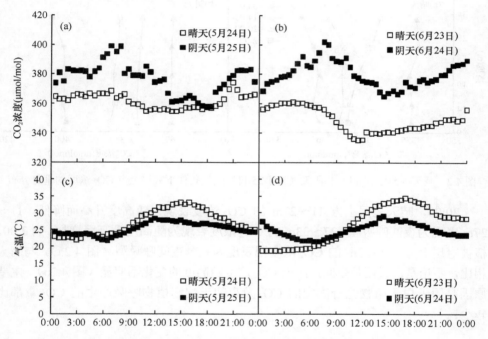

图 4.1　晴天和阴天天气条件下冠层上方 $CO_2$ 浓度与气温的日变化（2008 年）

与晴天不同的是，阴天天气条件下植被冠层上方 $CO_2$ 浓度在日出后两小时左右有所升高（最大可达 400μmol/mol）。从 9:00 开始，$CO_2$ 浓度逐渐下降，到 14:30 左右下降到最低水平（约 360μmol/mol）（图 4.1b）。阴天天气下 $CO_2$ 浓度最低值出现的时间滞后于晴天。一方面，晴天下午较高的温度（图 4.1c、d）促进了土壤和植物的呼吸作用；另一方面，晴天中午太阳辐射强、VPD 大，在强光作用下植被冠层部分叶片光合作用会受到抑制。

### 4.1.2 垂直变化

植被冠层上方 $CO_2$ 浓度随高度的变化，主要取决于植被冠层固定和释放 $CO_2$ 的情况。不同天气条件下人工林冠层上方 $CO_2$ 浓度垂直分布见图 4.2。晴天天气条件下，8:00，近冠层（11m）处 $CO_2$ 浓度最低（图 4.2a）。这主要与冠层光合作用吸收 $CO_2$ 有关。14:00，冠层上方 $CO_2$ 浓度随高度变化不大，原因主要是下午较高的 VPD 抑制了植物冠层的光合作用。

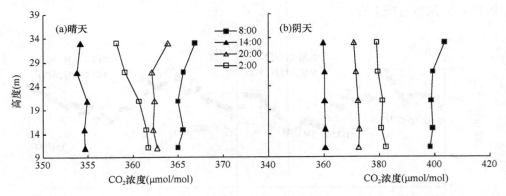

图 4.2 晴天（5 月 24 日）和阴天（5 月 25 日）天气条件下冠层上方 $CO_2$ 浓度的垂直分布

20:00，晴天冠层上方 11~27m 的 $CO_2$ 浓度表现为随高度升高而降低，11~27m 表现为夜间呼吸型，27~33m 的 $CO_2$ 浓度表现为随高度升高而增加。到 2:00，植被冠层上方 11~33m 的 $CO_2$ 浓度则表现为完全夜间呼吸型（图 4.2a）。与晴天相比，不论是白天还是夜间，阴天 $CO_2$ 浓度随高度的变化不明显（图 4.2b）。主要原因是阴天白天植物光合固定的 $CO_2$ 及夜间土壤和植物呼吸产生的 $CO_2$ 量都比较少。

### 4.1.3 季节变化

冠层上方 $CO_2$ 浓度的季节变化主要受生态系统光合作用和呼吸作用的共同控制（焦振等，2011）。图 4.3 表明，冠层上方月平均 $CO_2$ 浓度具有明显的季节变化规律。

1~2 月，太阳辐射弱，人工林光合作用和呼吸作用都比较小；此时温度低，空气对流弱，于是造成土壤呼吸排放的 $CO_2$ 有所沉积，进而使得冠层 $CO_2$ 浓度有所增加，3 月可达 370μmol/mol。

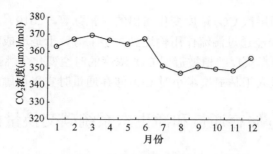

图 4.3  冠层上方 $CO_2$ 浓度的季节变化

从 4 月开始，随辐射的增强和温度的升高，人工林光合作用和呼吸作用速率随之增加，光合作用超过了呼吸作用，于是造成冠层上方 $CO_2$ 浓度下降，8 月降到最低（347μmol/mol）。

由图 4.3 可知，冠层上方 $CO_2$ 浓度在 6 月有所升高。这主要是 6 月大气干旱及辐射过强造成植物冠层光合作用速率下降（Tong et al., 2012）。9～11 月，冠层 $CO_2$ 浓度变化不大，基本维持在 350μmol/mol 左右。11 月后，人工林进入非生长阶段，此时主要树种（栓皮栎、刺槐）叶片都已凋落，生态系统以排放 $CO_2$ 为主，由此造成冠层上方 $CO_2$ 浓度升高。

## 4.2  不同方法所得的冠层 $CO_2$ 储存通量的比较

本研究发现：涡度相关法所得的 30min 冠层 $CO_2$ 储存通量低于 $CO_2$ 浓度廓线法所得的，低约 8.5%（图 4.4）。在计算 $CO_2$ 储存通量时，廓线法是根据一定时间间隔内观测高度以下不同高度处 $CO_2$ 浓度的变化得出的，而涡度相关法是平均计

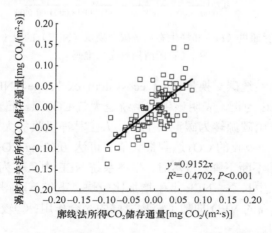

图 4.4  涡度相关法和廓线法所得的冠层 $CO_2$ 储存通量的比较

算了冠层以下不同层次 $CO_2$ 浓度变化得出的（张弥等，2010）。受大气层结影响，森林近地层 $CO_2$ 未能通过湍流作用输送到冠层上方，于是造成涡度相关法估算的 $CO_2$ 储存通量不能真实反映植被冠层 $CO_2$ 浓度的时空变化（姚玉刚等，2011）。因此，在计算该地区人工林冠层半小时 $CO_2$ 储存通量时宜采用廓线法。

## 4.3 $CO_2$ 储存通量和净生态系统碳交换量的日变化

冠层 $CO_2$ 储存通量具有一定的日变化规律（图 4.5）。$CO_2$ 储存通量的日变化具体表现为：夜间，$CO_2$ 储存通量为正。原因主要是辐射冷却导致地表边界层变得稳定，土壤和植物呼吸产生的 $CO_2$ 大部分被储存于冠层内部。早上 6:30 左右时冠层 $CO_2$ 储存通量由正变为负。这主要是冠层光合作用吸收了夜间冠层内部积累的 $CO_2$ 造成的。9:30 时，$CO_2$ 储存通量达到最大[$-0.10$mg $CO_2/(m^2·s)$]。中午，由于温度比较高，冠层内部大气湍流混合比较强，$CO_2$ 储存通量开始缓慢下降，15:30 时 $CO_2$ 储存通量为零。16:00 以后，$CO_2$ 储存通量由负变为正，表明林冠内 $CO_2$ 开始累积。

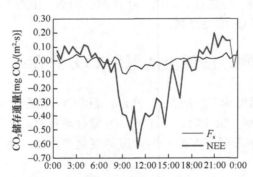

图 4.5　冠层 $CO_2$ 储存通量（$F_s$）和净生态系统碳交换量（NEE）的月平均日变化（2008 年 6 月）（彩图请扫封底二维码）

人工林净生态系统碳交换量（net ecosystem exchange，NEE）日变化过程见图 4.5。夜间，NEE 为正，表明该生态系统是大气 $CO_2$ 源。日出后，NEE 由正变为负，该生态系统由碳源转为碳汇。上午，人工林净吸收的大气 $CO_2$ 不断增加。到 11:30 左右时，净吸收的 $CO_2$ 达到最大值，可达$-0.63$mg $CO_2/(m^2·s)$。随后，净吸收的 $CO_2$ 量开始不断下降。日落时，生态系统 NEE 由负变为正，该生态系统由碳汇变为碳源。在生长季，NEE 上午增加比较快，下午下降得则比较缓慢。原因主要是：①下午较高的 VPD 抑制了植物冠层的光合作用；②较高的温度促进了生态系统的呼吸作用。

在生长季（6月），冠层 $CO_2$ 储存通量和 NEE 日变幅分别为 $-0.10\sim0.06$mg $CO_2/(m^2\cdot s)$、$-0.63\sim0.19$mg $CO_2/(m^2\cdot s)$，日平均值分别为 $-0.0004$mg $CO_2/(m^2\cdot s)$ 和 $-0.091$mg $CO_2/(m^2\cdot s)$，冠层 $CO_2$ 储存通量在 NEE 中所占比例仅为 0.4%。

## 4.4 冠层 $CO_2$ 储存通量的季节变化

在不存在平流/泄流作用的情况下，夜间湍流作用较弱时，涡度相关法观测得到的冠层储存的 $CO_2$ 会被日出后植物光合作用平衡掉。因此，在日尺度甚至更长的时间尺度上 $CO_2$ 储存通量应该为零（Aubinet et al., 2002）。

图 4.6 为冠层 $CO_2$ 储存通量和 NEE 的季节变化。春季和夏季，在较强的辐射和温度的作用下，大气湍流混合增强，冠层 $CO_2$ 储存通量变小。其中，春季冠层 $CO_2$ 储存通量变化范围为 $-4.9\sim0.4$g $CO_2/(m^2\cdot month)$，夏季为 $-9.1\sim2.9$g $CO_2/(m^2\cdot month)$。4~9 月，冠层 $CO_2$ 储存通量平均为 $-3.1$g $CO_2/(m^2\cdot month)$，占同期 NEE 的 2%。2008 年，冠层 $CO_2$ 储存通量为 $-46.1$g $CO_2/(m^2\cdot a)$，仅占 NEE 的 4%。

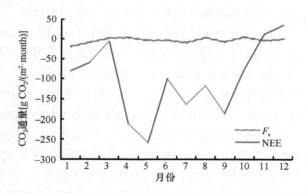

图 4.6 冠层 $CO_2$ 储存通量（$F_s$）和净生态系统碳交换（NEE）的季节变化

## 4.5 讨 论

生长季不同天气条件下冠层上方 $CO_2$ 浓度具有明显的日变化特征。晴天，日出后冠层上方 $CO_2$ 浓度持续下降。到 12:00 太阳辐射最强时 $CO_2$ 浓度降到最低。12:30 以后，冠层上方 $CO_2$ 浓度缓慢上升。阴天天气条件下植被冠层上方 $CO_2$ 浓度在日出后两小时左右有所升高。这与吴家兵等（2005）在温带阔叶红松林、谭正洪等（2008）在热带季雨林所得结果类似。Grace 等（1996）、Goulden 等（2006）在亚马孙热带雨林也发现了植被冠层 $CO_2$ 在夜间累积、清晨释放的现象。

本研究人工林冠层上方月平均 $CO_2$ 浓度具有明显的季节变化规律。一年中，月平均 $CO_2$ 浓度最大值（370μmol/mol）出现在 3 月，最低值（347μmol/mol）出现在 8 月。与本研究不同的是，热带季雨林冠层上方平均 $CO_2$ 浓度的最大值出现在 3 月，最小值出现在 6 月（谭正洪等，2008）。焦振等（2011）对帽儿山温带落叶阔叶林 $CO_2$ 浓度的时空变化研究发现，受植被生态系统光合作用和呼吸作用的共同影响，冠层上 $CO_2$ 浓度在 5 月初和 10 月各出现一次峰值，8 月初出现最低值。冠层光合作用和呼吸作用的共同影响是造成 $CO_2$ 浓度峰值出现差异的主要原因。

本研究发现，涡度相关法估算的人工林冠层 $CO_2$ 储存通量比廓线法所得结果偏低 8.5%。与本研究不同的是，姚玉刚等（2011）对热带森林植被冠层研究得出的结果为涡度相关法估算的碳储存通量大于廓线法。在复杂地形条件下，热带季雨林 $CO_2$ 浓度梯度变异大，因而采用廓线法估算的 $CO_2$ 储存通量比涡度相关法所得结果更可靠。Hollinger 等（1994）、Carrara 等（2003）指出这两种方法所得的碳储存通量具有较好的一致性。张弥等（2010）对长白山阔叶红松林研究也发现，涡度相关法估算的 $CO_2$ 储存通量与廓线法所得结果差别不显著。

生长季人工林 $CO_2$ 储存通量达到最大时出现在 9:30。这与 Schindler 等（2006）在苏格兰松林、de Araújo 等（2010）在亚马孙热带雨林所得结果类似。对于长白山阔叶红松林，$CO_2$ 储存通量在 5:00 左右达到最大（吴家兵等，2005）。Loescher 等（2003）在研究热带森林碳交换时发现，$CO_2$ 储存通量在 8:00 空气对流运动形成时达到最大。本研究人工林 $CO_2$ 储存通量日变幅为 $-0.10\sim0.06$ mg $CO_2/(m^2\cdot s)$，与孙成等（2013）在亚热带毛竹林所得结果 $[-0.12\sim0.07$ mg $CO_2/(m^2\cdot s)]$ 接近，高于王春林等（2007）在鼎湖山南亚热带针阔叶混交林所得结果 $[-0.06\sim0.04$ mg $CO_2/(m^2\cdot s)]$，但低于姚玉刚等（2011）在西双版纳热带季雨林所得日变幅值 $[-0.23\sim0.18$ mg $CO_2/(m^2\cdot s)]$。这可能与土壤有机质的数量与质量、温度及冠层高度存在差别有关。此外，平流与湍流体系的不同也是造成以上研究存在差异的原因之一（Aubinet et al.，2005）。人工林日最大碳吸收可达 $-0.63$ mg $CO_2/(m^2\cdot s)$，高于 Baldocchi 等（1997）在温带松林所得结果，低于 Hollinger 等（1994）、Baldocchi 和 Harley（1995）、Wang 等（2004）在温带落叶松林所得结果。这主要是不同研究区树种、土壤与气候条件存在差异造成的。

在半小时尺度上，本研究人工林 $CO_2$ 储存通量对生态系统 NEE 影响比较大，这与 Haszpra 等（2005）在农田和森林生态系统、张弥等（2010）在温带森林、孙成等（2013）在亚热带毛竹林所得结果类似。生长季，人工混交林冠层 $CO_2$ 储存通量在日尺度上近似为 0，这与 Greco 和 Baldocchi（1996）在温带落叶林、Baldocchi 等（2000）在温带阔叶混交林、吴家兵等（2005）在长白山阔叶红松林的研究一致。张弥等（2010）对长白山阔叶红松林储存通量的研究则发现，在日尺度上，忽略 $CO_2$ 储存通量会造成生态系统 NEE 低估 10%。

2008 年人工林 $CO_2$ 储存通量为–46.1g $CO_2$/($m^2$·a)，仅占 NEE 的 4%。因此，在长时间（如年）尺度上估算本研究人工林 NEE 时，$CO_2$ 储存通量可以忽略不计。在年尺度上，本研究所得 $CO_2$ 储存通量占 NEE 的比例与 Yu 等（2008）在温带森林的研究结果类似，低于张弥等（2010）在长白山阔叶红松林所得结果。

研究表明，忽略 $CO_2$ 储存通量会低估森林生态系统米氏光响应方程中的表观初始量子效率和呼吸方程中的参考呼吸，进而导致对总初级生产力（gross primary productivity，GPP）和生态系统呼吸（$R_{ec}$）低估约 20%（张弥等，2010）。王静等（2013）根据不同浓度变量计算的温带落叶阔叶林 $CO_2$ 储存通量的误差进行分析得出，基于密度、物质的量分数和混合比计算的 $CO_2$ 储存通量分别平均高估 $CO_2$ 有效储存通量 8.5%、0.6% 和 0.1%。因此，为准确评价人工林碳交换各分量值，未来应侧重选择大气水、热过程守恒的混合比计算 $CO_2$ 储存通量，加强 $CO_2$ 储存通量对光响应参数及呼吸参数影响的研究。

## 4.6 小　　结

人工林冠层上方 $CO_2$ 浓度具有明显的季节变化规律。月平均 $CO_2$ 浓度最大值出现在 3 月，最低值出现在 8 月。与晴天相比，阴天 $CO_2$ 浓度随高度的变化不明显。

与涡度相关法相比，浓度廓线法计算冠层半小时 $CO_2$ 储存通量，误差相对较低。林冠 $CO_2$ 储存通量具有一定的日变化规律。6:30 左右时由正变为负，16:00 左右由负变为正。在日和年尺度上计算人工林生态系统 NEE 时，$CO_2$ 储存通量可以忽略。

## 参 考 文 献

焦振, 王传宽, 王兴昌. 2011. 温带落叶阔叶林冠层 $CO_2$ 浓度的时空变异. 植物生态学报, 35(5): 512-522.

李英年, 徐世晓, 赵亮, 等. 2007. 青海海北高寒湿地近地层大气 $CO_2$ 浓度的变化特征. 干旱区资源与环境, 21(6): 108-113.

孙成, 江洪, 周国模, 等. 2013. 我国亚热带毛竹林 $CO_2$ 通量的变异特征. 应用生态学报, 24(10): 2717-2724.

谭正洪, 张一平, 于贵瑞, 等. 2008. 热带季节雨林林冠上方和林内近地层 $CO_2$ 浓度的时空动态及其成因分析. 植物生态学报, 32(3): 555-567.

王春林, 周国逸, 王旭, 等. 2007. 复杂地形条件下涡度相关法通量测定修正方法分析. 中国农业气象, 28(3): 233-240.

王静, 王兴昌, 王传宽. 2013. 基于不同浓度变量的温带落叶阔叶林 $CO_2$ 储存通量的误差分析. 应用生态学报, 24(4): 975-982.

吴家兵, 关德新, 赵晓松, 等. 2005. 长白山阔叶红松林二氧化碳浓度特征. 应用生态学报, 16(1): 49-53.

姚玉刚, 张一平, 于贵瑞, 等. 2011. 热带森林植被冠层 $CO_2$ 储存项的估算方法研究. 北京林业大学学报, 33(1): 23-29.

张弥, 温学发, 于贵瑞, 等. 2010. 二氧化碳储存通量对森林生态系统碳收支的影响. 应用生态学报, 21(5): 1201-1209.

Aubinet M, Berbigier P, Bernhofer C H, et al. 2005. Comparing $CO_2$ storage and advection conditions at night at different CARBOEUROFLUX sites. Boundary-Layer Meteorology, 116(1): 63-94.

Aubinet M, Heinesch B, Longdoz B. 2002. Estimation of the carbon sequestration by a heterogeneous forest: night flux corrections, heterogeneity of the site and inter-annual variability. Global Change Biology, 8(11): 1053-1071.

Baldocchi D D, Vogel C A, Hall B. 1997. Seasonal variation of carbon dioxide exchange rates above and below a boreal jack pine forest. Agricultural and Forest Meteorology, 83(1-2): 147-170.

Baldocchi D, Falge E, Gu L H, et al. 2001. FLUXNET: a new tool to study the temporal and spatial variability of ecosystem-scale carbon dioxide, water vapor, and energy flux densities. Bulletin of the American Meteorological Society, 82(11): 2415-2434.

Baldocchi D, Harley P C. 1995. Scaling carbon dioxide and water vapour exchange from leaf to canopy in a deciduous forest. II. Model testing and application. Plant, Cell and Environment, 18(10): 1157-1173.

Baldocchi D, Finnigan J, Wilson K, et al. 2000. On measuring net ecosystem carbon exchange over tall vegetation on complex terrain. Boundary-Layer Meteorology, 96(1-2): 257-291.

Carrara A, Kowalski A S, Neirynck J, et al. 2003. Net ecosystem $CO_2$ exchange of mixed forest in Belgium over 5 years. Agricultural and Forest Meteorology, 119(3-4): 209-227.

de Araújo A C, Dolman A J, Waterloo M J, et al. 2010. The spatial variability of $CO_2$ storage and the interpretation of eddy covariance fluxes in central Amazonia. Agricultural and Forest Meteorology, 150(2): 226-237.

Goulden M L, Miller S D, da Rocha H R. 2006. Nocturnal cold air drainage and pooling in a tropical forest. Journal of Geophysical Research-Atmospheres, 111: D08S04.

Grace J, Malhi Y, Lloyd J, et al. 1996. The use of eddy covariance to infer the net carbon dioxide uptake of Brazilian rain forest. Global Change Biology, 2(3): 209-217.

Greco S, Baldocchi D D. 1996. Seasonal variations of $CO_2$ and water vapour exchange rates over a temperate deciduous forest. Global Change Biology, 2(3): 183-197.

Haszpra L, Barcza Z, Davis K J, et al. 2005. Long-term tall tower carbon dioxide flux monitoring over an area of mixed vegetation. Agricultural and Forest Meteorology, 132(1-2): 58-77.

Hollinger D Y, Kelliher F M, Byers J N, et al. 1994. Carbon dioxide exchange between an undisturbed old-growth temperate forest and the atmosphere. Ecology, 75(1): 134-150.

Loescher H W, Oberbauer S F, Gholz H L, et al. 2003. Environmental controls on net ecosystem-level carbon exchange and productivity in a Central American tropical wet forest. Global Change Biology, 9(3): 396-412.

Schindler D, Türk M, Mayer H. 2006. $CO_2$ fluxes of a Scots pine forest growing in the warm and dry southern upper Rhine plain, SW Germany. European Journal of Forest Research, 125(3): 201-212.

Tong X J, Meng P, Zhang J S, et al. 2012. Ecosystem carbon exchange over a warm-temperate mixed

plantation in the lithoid hilly area of the North China. Atmospheric Environment, 49: 257-267.
Wang H M, Saigusa N, Yamamoto S, et al. 2004. Net ecosystem $CO_2$ exchange over a larch forest in Hokkaido, Japan. Atmospheric Environment, 38(40): 7021-7032.
Yu G R, Zhang L M, Sun X M, et al. 2008. Environmental controls over carbon exchange of three forest ecosystems in eastern China. Global Change Biology, 14(11): 2555-2571.

# 第 5 章　净生态系统碳交换量对气象因子的响应

在未来气候变暖背景下，森林生态系统的碳汇水平将发生变化（Grace and Rayment，2000）。研究气象条件对森林净生态系统碳交换量（NEE）的影响，有助于加深我们对碳的源汇过程的了解，同时也为进一步开展森林碳循环过程的模拟和气候变化情景下的预测研究奠定基础。目前，森林生态系统 NEE 与气象因子关系的研究对象主要为天然林（Saigusa et al.，2005；刘允芬等，2006；Allard et al.，2008；Wen et al.，2010；Hinko-Najera et al.，2017；Fei et al.，2018）。例如，温带森林生态系统碳交换的季节变化受温度和光照综合影响（关德新等，2004），年际变化主要受生长季长度和温度影响（Carrara et al.，2003）。Zha 等（2004）对北方林进行了 4 年研究，发现该生态系统净碳吸收最大出现在 7 月，且不同年份变化比较大，主要是由不同年份温度和辐射存在差异造成的。Saigusa 等（2005）指出寒温带森林生态系统碳交换年际变化与春季气温具有正相关关系。Allard 等（2008）对法国南部一个地中海常绿林研究得出，春季降水量是影响该生态系统 NEE 年际变化的主要因子，且两者之间具有显著的正相关关系。与晴天相比，多云天气下（晴空指数为 0.4~0.6）阔叶红松林生态系统净碳吸收明显得到提高（Zhang et al.，2011）。

与天然林相比，人工林具有生长迅速、生长量大的特点，其碳交换特征及影响机制有别于天然林，但目前有关人工林 NEE 与环境因子的关系等方面的研究较少。我国是人工林大国，森林碳储量的增加主要是人工造林的结果（Fang et al.，2001），目前人工林面积为 0.795 亿 $hm^2$，占全国森林面积的 36.45%，其蓄积量为 33.88 亿 $m^3$，占森林总蓄积量的 19.86%（国家林业和草原局，2019），其潜在碳汇功能不容忽视。因此，开展我国人工林碳交换及其环境响应的研究尤具重要意义。

本章采用 2006~2017 年的碳通量数据，分析光合有效辐射、气温、饱和水汽压差、降水、土壤温度和土壤湿度对 NEE 的影响，旨在为今后开展区域尺度人工林碳交换的模拟和预测研究提供理论依据。

## 5.1　光合有效辐射对净生态系统碳交换量的影响

植物光合作用受太阳短波辐射或光合有效辐射（photosynthetically active radiation，PAR）驱动。Ruimy 等（1995）分析了用微气象法测定的全球不同植被类型的 $CO_2$ 通量与 PAR 关系，指出森林 $CO_2$ 通量与 PAR 符合直角双曲线关系。

本研究对 2006～2011 年生长季（4～10 月）人工林 NEE 与 PAR 之间的关系进行分析（NEE 为负值，表示为吸收 $CO_2$）发现：在小时尺度上，$CO_2$ 吸收量随 PAR 的增强而增加，两者之间的关系可用直角双曲线来表示（图 5.1）。当 PAR＜400μmol/(m²·s)时，$CO_2$ 吸收量随 PAR 的增加快速增加，当 PAR＞400μmol/(m²·s)时，增加幅度缓慢。在 2006 年，PAR＞1600μmol/(m²·s)时，$CO_2$ 吸收量随 PAR 的增加有所降低。这主要是在强辐射情况下，较大的 VPD 引起气孔的关闭，进而导致了植物光合作用的下降。此外，从图 5.1 中可以发现，NEE 随辐射的变化点比较分散，这主要与数据的湍流本质、冠层对各种环境因子的响应、通量源区的不断变化有关（Moncrieff et al., 1996）。

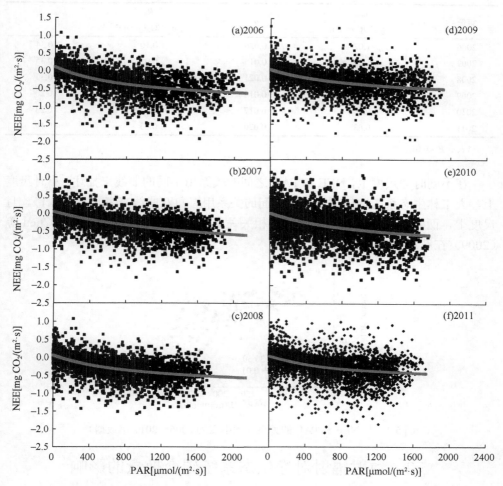

图 5.1　白天净生态系统碳交换量（NEE）与光合有效辐射（PAR）的关系

2006～2011 年，植物生长季平均最大光合速率（$A_{max}$）的范围为 0.63～1.22mg $CO_2/(m^2·s)$，平均为 0.91mg $CO_2/(m^2·s)$（表 5.1），在其他研究所得的 $A_{max}$[0.84～1.75mg $CO_2/(m^2·s)$]范围内（Ruimy et al.，1995；Dolman et al.，2002；Arain and Restrepo-Coupe，2005；McCaughey et al.，2006；Teklemariam et al.，2009）。人工林生长季初始光能利用效率（$\alpha$）值为 0.014～0.026，低于 Ruimy 等（1995）在阔叶林（0.037）、Arian 和 Restrepo-Coupe（2005）在温带人工林（0.050）、McCaughey 等（2006）在北方混交林（0.0464）所得结果。这与不同树种林分密度、光合特性、环境条件存在差异有关。

表 5.1　生长季生态系统光合作用光响应参数

| 年份 | $A_{max}$ [mg $CO_2/(m^2·s)$] | $\alpha$ | $R_d$ [mg $CO_2/(m^2·s)$] | $R^2$ |
| --- | --- | --- | --- | --- |
| 2006 | 1.02 | 0.026 | 0.10 | 0.34** |
| 2007 | 1.22 | 0.015 | 0.05 | 0.35** |
| 2008 | 0.90 | 0.021 | 0.06 | 0.33** |
| 2009 | 0.81 | 0.014 | 0.03 | 0.20** |
| 2010 | 0.90 | 0.017 | 0.01 | 0.23** |
| 2011 | 0.63 | 0.020 | 0.03 | 0.19** |

**表示 $P<0.01$

在不同时间尺度上，NEE 与 PAR 之间的关系用不同的曲线来描述。小时尺度上，人工林生态系统 NEE 与 PAR 之间的关系用直角双曲线来表示（图 5.1）。月尺度上，两者之间则具有显著的线性相关关系（$P<0.01$）（图 5.2），与 Chen 等（2009）在花旗松林的研究结果一致。

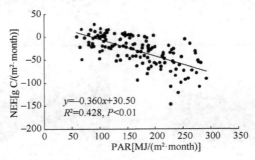

图 5.2　月 NEE 和 PAR 的关系（图中点为 2006～2017 年数据）

## 5.2　散射辐射对净生态系统碳交换量的影响

太阳辐射是地表能量的主要来源，是陆地生态系统碳收支和蒸散的主要驱动力。到达植被冠层的太阳总辐射可分为直接辐射和散射辐射。近几十年来，直接辐射和散射辐射之比发生了很大变化，人们把总辐射及其组分的变化描述为全球变"暗"和变"亮"（Wild，2009）。研究表明，在光衰减50%的阴天天气条件下，生态系统吸收的$CO_2$比晴天多；当光衰减达70%时，阴天$CO_2$吸收降低（Fan et al.，1995）。因此，有霾或适当的多云天气有利于提高生态系统净吸收的$CO_2$量（Goulden et al.，1997；Gu et al.，2003；Zhang et al.，2010），本研究也发现了类似现象（图5.3）。另外，在多云天气条件下，$\alpha$值比晴天高出0.75～1.1倍（表5.2）。Alton等（2007）对北方稀疏针叶林、温带阔叶林和热带茂密阔叶林研究指出，阴天冠层光能利用效率（light use efficiency，LUE）比较大。浓密林LUE增加33%，稀疏林增加6%～18%。对于温带林（Hollinger et al.，1994；Gu et al.，2002），冠层LUE则可增加110%。晴天，太阳光大多以平行光（直接辐射）的形式到达叶片（Farquhar and Roderick，2003），且在高光强下叶片光合作用容易达到饱和。在树木生长旺季，森林冠层下部叶片遮阴比较明显。冠层下部叶片主要利用散射辐射进行光合作用。多云时，一方面降低了晴天时直接辐射对阳面叶片所造成的

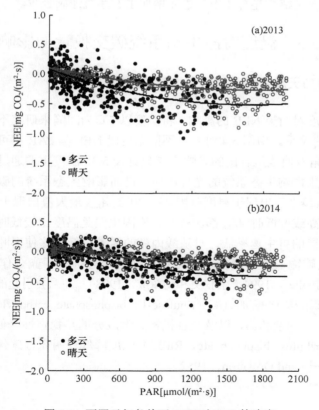

图5.3 不同天气条件下NEE对PAR的响应

表 5.2 不同天气条件下光合作用光响应参数

| 年份 | 天气条件 | $A_{max}$[mg $CO_2$/(m²·s)] | $\alpha$ | $R_d$[mg $CO_2$/(m²·s)] | $R^2$ |
|---|---|---|---|---|---|
| 2013 | 晴天 | 0.51 | 0.016 | 0.11 | 0.27** |
|  | 多云 | 0.78 | 0.028 | 0.09 | 0.36** |
| 2014 | 晴天 | 0.47 | 0.008 | 0.06 | 0.28** |
|  | 多云 | 0.70 | 0.017 | 0.07 | 0.32** |

**表示 $P<0.01$

光饱和现象；另一方面，天空中散射辐射在总辐射中所占比例增加，这样会使更多的光线穿过冠层上部到达冠层下部（Jarvis et al.，1976；Urban et al.，2007），叶片之间光的分布更加平衡，提高了下层遮阴叶片的光合作用能力。多云时，天空散射光中蓝光比例增加，蓝光会刺激气孔打开（Aphalo and Jarvis，1993），提高了单位叶面积光合作用速率（Matsuda et al.，2004）。此外，多云天气条件下，饱和水汽压差（VPD）比较低（Freedman et al.，2001；Urban et al.，2007），气孔导度较大，会促进植物光合作用，进而增加生态系统净碳吸收。

## 5.3 温度对净生态系统碳交换量的影响

### 5.3.1 温度对白天净生态系统碳交换量的影响

为了解温度对白天 NEE 的影响，将温度以 5℃为间隔来研究不同温度情况下 NEE 与 PAR 的关系。由图 5.4 可知，不同温度段 NEE 与 PAR 都可用直角双曲线来表示。由直角双曲线拟合出的光响应参数见表 5.3。温度主要通过影响光合作用酶动力学过程来影响生态系统的光合作用，进而影响生态系统的碳收支。2006～2010 年 $\alpha$ 和 $R_d$ 最大值出现于温度范围 25～30℃，$A_{max}$ 最大值出现于温度范围 20～25℃。温度过高或过低时 $A_{max}$ 都比较小，原因主要是温度比较低时，淀粉和蔗糖合成速率低，磷的再生速率低，对磷酸丙糖的需求也低，这使得叶绿体的磷酸丙糖输出和无机磷输入速率降低，叶绿体中磷的缺乏抑制了光合作用的高速进行（Geiger and Servaites，1994；余叔文和汤章成，1998）。高温会引起的 $CO_2$ 溶解度、核酮糖-1,5-双磷酸羧化酶/加氧酶（ribulose-1,5-bisphosphate carboxylase/oxygenase，Rubisco）对 $CO_2$ 的亲和力，以及光合机构关键成分的热稳定性降低。高温下，核酮糖双磷酸（ribulose bisphosphate，RuBP）浓度降低表明光合碳代谢受到能量供应的限制（Berry and Downton，1982）。

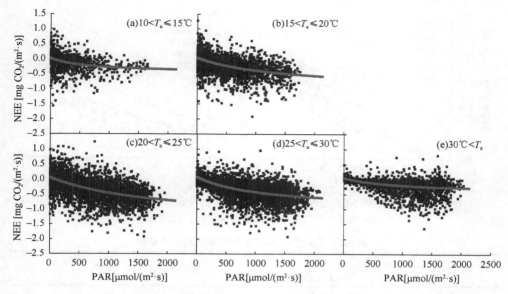

图 5.4　不同温度条件白天 NEE 对 PAR 的响应

表 5.3　人工林生长季不同温度范围生态系统光合作用光响应参数

| $T_a$（℃） | $A_{max}$ [mg $CO_2$/(m²·s)] | α | $R_d$ [mg $CO_2$/(m²·s)] | $R^2$ |
|---|---|---|---|---|
| 10～15 | 0.48 | 0.018 | 0.023 | 0.12** |
| 15～20 | 1.04 | 0.016 | 0.046 | 0.27** |
| 20～25 | 1.43 | 0.018 | 0.060 | 0.35** |
| 25～30 | 1.05 | 0.022 | 0.083 | 0.34** |
| >30 | 0.46 | 0.012 | 0.057 | 0.10** |
| 总计 | 0.97 | 0.019 | 0.057 | 0.30** |

**表示 $P<0.01$

## 5.3.2　温度对夜间净生态系统碳交换量的影响

在通量研究中，夜间生态系统呼吸通常用夜间 NEE 来表示。温度是控制生态系统呼吸的主要环境因子（Raich and Schlesinger，1992；Lloyd and Taylor，1994）。生态系统呼吸随温度的升高而增加（Wang et al.，2004；Powell et al.，2008）。本研究得出，人工林夜间生态系统呼吸随 5cm 土壤温度的升高而增加（图 5.5），且两者之间具有显著的指数关系，该生态系统呼吸的 58%～91%可由温度的变化来解释（表 5.4）。

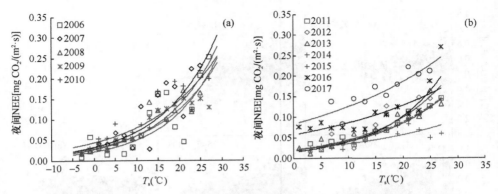

图 5.5 人工林夜间 NEE 与 5cm 土壤温度（$T_s$）的关系（彩图请扫封底二维码）

图中数据点是以 2℃ 为间隔对夜间 NEE 取平均值所得结果

表 5.4 夜间生态系统呼吸对温度响应的参数

| 年份 | $R_0$<br>[mg $CO_2$/(m²·s)] | $Q_{10}$ | $R^2$ | $n$ |
| --- | --- | --- | --- | --- |
| 2006 | 0.021 | 2.35 | 0.63*** | 16 |
| 2007 | 0.032 | 2.16 | 0.58** | 13 |
| 2008 | 0.027 | 2.22 | 0.90*** | 15 |
| 2009 | 0.029 | 2.06 | 0.88*** | 15 |
| 2010 | 0.043 | 1.84 | 0.81*** | 15 |
| 2011 | 0.021 | 2.05 | 0.89*** | 13 |
| 2012 | 0.015 | 2.58 | 0.80*** | 12 |
| 2013 | 0.020 | 2.18 | 0.84*** | 15 |
| 2014 | 0.021 | 1.64 | 0.59** | 12 |
| 2015 | 0.019 | 2.11 | 0.91*** | 15 |
| 2016 | 0.058 | 1.49 | 0.68** | 14 |
| 2017 | 0.083 | 1.49 | 0.84*** | 10 |

注：$R_0$ 为生态系统基础呼吸，$Q_{10}$ 为生态系统呼吸的温度敏感性；**表示 $P<0.01$；***表示 $P<0.001$

2006~2017 年，人工林生态系统呼吸的温度敏感系数（$Q_{10}$）范围为 1.49~2.58，平均为 2.0；基础呼吸（$R_0$）的范围为 0.015~0.083mg $CO_2$/(m²·s)，平均为 0.032mg $CO_2$/(m²·s)（表 5.4）。本研究所得 $Q_{10}$ 大部分年份高于 Wen 等（2006）在亚热带人工林（$Q_{10}$=1.6）、Greco 和 Baldocchi（1996）在温带落叶林所得结果（$Q_{10}$=1.6）；低于 Saigusa 等（2002）在阔叶林（$Q_{10}$=2.6）、Wang 等（2004）在温带落叶林（$Q_{10}$=3），以及 Wu 等（2006）在温带针阔混交林所得结果（$Q_{10}$=3.85）。不同地点测定的 $Q_{10}$ 存在差异可能与生长季土壤含水量、根生物量、凋落物输入量、微生物种群等有关（Davidson et al.，1998；Yuste et al.，2004）。

年平均土壤水分对 $R_0$ 和 $Q_{10}$ 的影响不明显。然而，$R_0$、$Q_{10}$ 与冬季土壤含水量（soil water content，SWC）具有显著的相关关系，即随着 1 月平均土壤含水量的增加，$R_0$ 增加而 $Q_{10}$ 减少（图 5.6）。本研究所得人工林生态系统呼吸的 $Q_{10}$ 随土壤湿度变化类似于 Dörr 和 Münnich（1987）在草地和山毛榉-云杉林所得结果。与本研究不同的是，Xu 和 Qi（2001）研究指出，$Q_{10}$ 与土壤湿度呈正相关关系。随着土壤湿度的增加，云杉立地土壤的 $Q_{10}$ 由 3.9 增加到 5.7（Boken et al.，1999）。Wen 等（2006）对亚热带人工林研究发现，生态系统呼吸的 $Q_{10}$ 与土壤水分之间符合二次曲线关系，即土壤水分过高或过低时 $Q_{10}$ 比较小。这主要是因为土壤水分含量较少时，降低了可溶性底物的扩散和微生物移动，从而使微生物与底物接触减少，根系呼吸和微生物生长会受到限制（Rey et al.，2002），而根区呼吸是生态系统呼吸中比较重要的一部分（Boone et al.，1998）。另外，水分亏缺也使光合作用降低，造成分配到根系的光合产物降低。当土壤水含量超过一定限度时，较高的土壤水分含量使 $O_2$ 扩散受到限制，造成土壤中 $O_2$ 缺乏，降低了微生物的活性（Rey et al.，2002；Zak et al.，1999）。

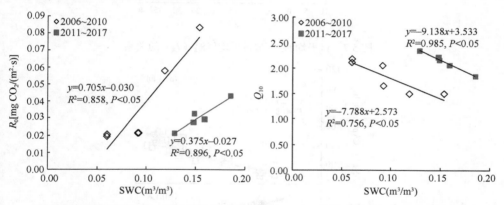

图 5.6　基础呼吸（$R_0$）和温度敏感性（$Q_{10}$）与 20cm 土壤水含量（SWC）的关系

### 5.3.3　温度对日净生态系统碳交换量的影响

温度除了影响自养和异养呼吸，还通过影响冠层光合作用来影响生态系统的 $CO_2$ 交换。人工林白天、夜间及全天 NEE 均与日平均气温具有显著的相关关系（$P<0.001$）（图 5.7）。当温度在 10℃ 以下时，NEE 日总量较小，在 $-4$~$4$g $CO_2$/(m²·d) 变动。温度超过 10℃ 以后，人工林以净吸收大气 $CO_2$ 为主，且吸收量随温度的升高迅速增加。在冬季，尽管日平均气温时常在 5℃（温带植物光合作用界限温度）以下，但我们还是在人工林生态系统观测到不少日平均 NEE 为负的现象。这表明本地人工林在冬季仍具有一定的光合能力。Dolman 等（2002）、Miyazawa 和 Kikuzawa（2005）也发现森林在非生长季吸收大气 $CO_2$ 的现象。此外，密度脉动效应也可能是冬季 $CO_2$ 通量出现负值的重要原因（吴家兵等，2006）。在生长季温度高于 10℃ 时，人工林生态系统日平均 NEE 为正的现象还时有发生（图 5.7）。通常

辐射低时光合作用较弱；若此时温度较高，生态系统呼吸较大，很可能导致人工林生态系统净排放 $CO_2$。赵晓松等（2006）对温带阔叶红松林的研究也得出了类似的结果。在月尺度上，夜间 NEE 随气温的升高指数增加，白天和全天 NEE 与气温都具有显著的线性相关关系（$P<0.01$）（图 5.8）。

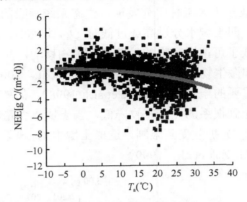

图 5.7　日平均 NEE 与日平均气温（$T_a$）的关系

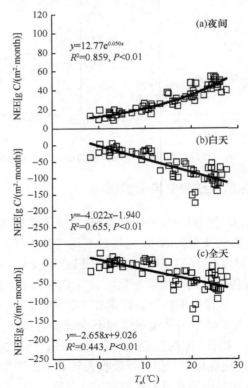

图 5.8　夜间、白天和全天 NEE 与气温（$T_a$）的关系

## 5.4 饱和水汽压差对净生态系统碳交换量的影响

在干旱和半干旱区，干旱胁迫是限制陆地生态系统生产力的主要环境因子。植物受到干旱胁迫时，气孔关闭，气孔导度减小，胞间 $CO_2$ 浓度下降，于是造成光合作用降低。VPD 是影响 NEE 的重要因子之一（Hollinger et al.，1998；Chen et al.，1999；Wang et al.，2004）。VPD 对 NEE 的影响可能来自于生理或物理方面（Loescher et al.，2003）。生理方面是 VPD 较大时气孔关闭以响应水分胁迫。物理方面可能是通过改变冠层结构（如叶片折起或改变叶片朝向）以响应水分胁迫。人工林生态系统 NEE 残差与 VPD 之间的关系见图 5.9。NEE 残差由 NEE 实测值

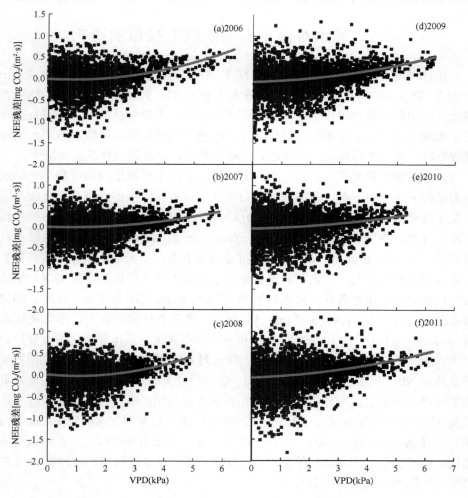

图 5.9 人工林主要生长季 NEE 残差与 VPD 的关系

减去模拟值得出；模拟的NEE由NEE-PAR关系式得出，正（负）残差表示测定结果高于（低于）模拟计算结果，这种差异主要受太阳辐射以外的其他环境因子的影响。由图5.9可以看出，VPD小于2.5kPa时，NEE残差与VPD的关系不明显；当VPD超过2.5kPa时，NEE残差随VPD的增加而增加，即人工林净吸收碳的能力在降低。这主要是VPD较大时直接驱动气孔的关闭而强烈限制了生态系统的光合作用（Farquhar and Sharkey，1982）。与2007~2011年相比，2006年生长季（尤其是6月）由于辐射强、温度高，VPD对其白天净碳吸收的影响更为明显（图5.9a）。本研究临界VPD（2.5kPa）与Hollinger等（1998）在西伯利亚东部落叶松林所得结果类似，但大于Wang等（2004）在温带落叶松林、Powell等（2008）在加利福尼亚州北部松林所得VPD临界值，表明本研究区的人工林对干旱的忍耐性更强。

## 5.5 降水对净生态系统碳交换量的影响

在月尺度上，白天、夜间和全天 NEE 与降水量之间具有二次曲线关系（$P<0.001$），降水量约为 150mm 时 NEE 最大（图 5.10）。降水较少时，人工林生态系统光合作用和呼吸作用由于干旱胁迫而受到抑制。当降水过多时，生态系统呼吸由于土壤湿度过高而受到影响，光合作用则由于辐射较弱而降低。当降水量较高或较低时，光合作用降低的速率超过了呼吸作用，于是造成净碳吸收减少。

降水对森林碳通量既有正效应也有负效应。降水亏缺造成温带和半干旱地区生态系统光合作用下降。在湿润的热带地区，过多的降水使光照强度降低，进而限制了光合作用（Baldocchi et al.，2018）。森林生态系统呼吸（$R_{ec}$）与降水具有正相关关系，净生态系统生产力（net ecosystem productivity，NEP）与降水具有负相关关系（Scott et al.，2014）。这可能与地表上方和表层土壤碳积累多有关。高效固氮豆科灌木几十年累积的碳会使土壤具有大量的碳和氮及高 C/N，于是造成林地和树下土壤呼吸在有降水时增加（Yepez et al.，2007；Cable et al.，2012）。与亚热带林［$(-166\pm49)$ g C/(m$^2\cdot$a)］相比，热带森林碳吸收大，年际变化也大［$(-397\pm94)$ g C/(m$^2\cdot$a)］。降水是热带和亚热带森林碳交换年际变化的主要控制因子（Yan et al.，2013）。在半干旱林地，降水对 GPP 影响不大，但降水会增加 $R_{ec}$，于是造成 NEP 下降（Sun et al.，2017）。降水后较大的 $R_{ec}$ 可由复水使土壤呼吸增加来解释。降水会改变碳平衡，并潜在影响生态系统碳吸收的季节和年际变化。因此，在探讨生态系统碳通量对降水的响应时，应考虑前期降水的影响（Sun et al.，2017）。Luyssaert 等（2007）综合分析了北方、温带和热带林生态系统碳交换后指出，森林生态系统年总初级生产力（GPP）随年降水量的增加而增大，NEE 年总量与年降水量关系则不显著。

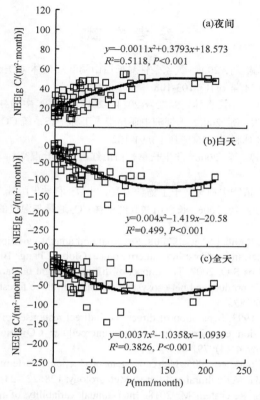

图 5.10 夜间、白天和全天 NEE 与降水量（$P$）的关系

## 5.6 小　　结

在月尺度上，NEE 与 PAR 之间存在显著的线性相关关系，但在半小时尺度上，二者关系为非线性。在相同辐射情况下，多云天气下生态系统净吸收 $CO_2$ 明显高于晴天天气，主要原因在于多云时弱光利用效率相对较高。

温度在 10℃ 以下时，NEE 日总量较小；温度超过 10℃ 后，生态系统以净吸收 $CO_2$ 为主，且吸收量随温度的升高迅速增加。夜间生态系统呼吸随温度的升高呈指数增长。生态系统呼吸的温度敏感系数（$Q_{10}$）为 1.49~2.58。

在月尺度上，NEE 与降水量之间具有显著的二次曲线关系，降水较低或较高时，NEE 都相对较小。

长时间序列碳通量数据才能反映生态系统对气候波动的响应。本研究时段不足 15 年，相对较短，不能评价极端气候事件等对人工林碳收支的影响。因此，还需要继续对该生态系统碳通量和气象要素进行监测，以进一步准确了解不同气候年景生态系统碳汇强度及其影响机制。

# 参 考 文 献

关德新, 吴家兵, 于贵瑞, 等. 2004. 气象条件对长白山阔叶红松林 $CO_2$ 通量的影响. 中国科学(D 辑: 地球科学), 34(增刊Ⅱ): 103-108.

国家林业和草原局. 2019. 中国森林资源报告(2014—2018). 北京: 中国林业出版社.

刘允芬, 于贵瑞, 温学发, 等. 2006. 千烟洲中亚热带人工林生态系统 $CO_2$ 通量的季节变异特征. 中国科学(D 辑: 地球科学), 36(增刊Ⅰ): 91-102.

吴家兵, 关德新, 施婷婷, 等. 2006. 非生长季长白山红松针阔叶混交林 $CO_2$ 通量特征. 林业科学, 42(9): 1-6.

余叔文, 汤章成. 1998. 植物生理与分子生物学. 2 版. 北京: 科学出版社.

赵晓松, 关德新, 吴家兵, 等. 2006. 长白山阔叶红松林 $CO_2$ 通量与温度的关系. 生态学报, 26(4): 1088-1095.

Allard V, Ourcival J M, Rambal S, et al. 2008. Seasonal and annual variation of carbon exchange in an evergreen Mediterranean forest in southern France. Global Change Biology, 14(4): 714-725.

Alton P B, North P R, Los S O. 2007. The impact of diffuse sunlight on canopy light-use efficiency, gross photosynthetic product and net ecosystem exchange in three forest biomes. Global Change Biology, 13(4): 776-787.

Aphalo P J, Jarvis P G. 1993. Separation of direct and indirect responses of stomata to light: results from a leaf inversion experiment at constant intercellular $CO_2$ molar fraction. Journal of Experimental Botany, 44(4): 791-800.

Arain M A, Restrepo-Coupe N. 2005. Net ecosystem production in a temperate pine plantation in southeastern Canada. Agricultural and Forest Meteorology, 128: 223-241.

Baldocchi D, Chu H S, Reichstein M. 2018. Inter-annual variability of net and gross ecosystem carbon fluxes: a review. Agricultural and Forest Meteorology, 249: 520-533.

Berry J A, Downton W J S. 1982. Environmental regulation of photosynthesis. In: Govindjee N M. Photosynthesis. Volume 2: Development, Carbon Metabolism, and Plant Productivity. New York: Academic Press: 298.

Boken W, Xu Y J, Brumme R, et al. 1999. A climate change scenario for carbon dioxide and dissolved organic carbon fluxes from a temperate forest soil drought and rewetting effects. Soil Science Society of America Journal, 63(6): 1848-1855.

Boone R D, Nadelhoffer K J, Canary J D, et al. 1998. Roots exert a strong influence on the temperature sensitivity of soil respiration. Nature, 396(6711): 570-572.

Cable J M, Barron-Gafford G A, Ogle K, et al. 2012. Shrub encroachment alters sensitivity of soil respiration to temperature and moisture. Journal of Geophysical Research-Biogeosciences, 117: G01001.

Carrara A, Kowalski A S, Neirynck J, et al. 2003. Net ecosystem $CO_2$ exchange of mixed forest in Belgium over 5 years. Agricultural and Forest Meteorology, 119: 209-227.

Chen B Z, Black T A, Coops N C, et al. 2009. Seasonal controls on interannual variability in carbon dioxide exchange of a near-end-of rotation Douglas-fir stand in the Pacific Northwest, 1997-2006. Global Change Biology, 15(8): 1962-1981.

Chen W J, Black T A, Yang P C, et al. 1999. Effects of climatic variability on the annual carbon sequestration by a boreal aspen forest. Global Change Biology, 5(1): 41-53.

Davidson E A, Belk E, Boone R D. 1998. Soil water content and temperature as independent or confounded factors controlling soil respiration in a temperate mixed hardwood forest. Global Change Biology, 4(2): 217-227.

Dolman A J, Moors E J, Elbers J A. 2002. The carbon uptake of a mid latitude pine forest growing on sandy soil. Agricultural and Forest Meteorology, 111(3): 157-170.

Dörr H, Münnich K O. 1987. Annual variation in soil respiration in selected areas of the temperate zone. Tellus, 39B: 114-121.

Fan S M, Goulden M L, Munger J W, et al. 1995. Environmental controls on the photosynthesis and respiration of a boreal lichen woodland: a growing season of whole-ecosystem exchange measurements by eddy correlation. Oecologia, 102(4): 443-452.

Fang J Y, Chen A P, Peng C H, et al. 2001. Changes in forest biomass carbon storage in China between 1949 and 1998. Science, 292: 2320-2322.

Farquhar G D, Roderick M L. 2003. Pinatubo, diffuse light and the carbon cycle. Science, 299(5615): 1997-1998.

Farquhar G D, Sharkey T D. 1982. Stomatal conductance and photosynthesis. Annual Review Plant Physiology, 33: 317-345.

Fei X H, Song Q H, Zhang Y P, et al. 2018. Carbon exchanges and their responses to temperature and precipitation in forest ecosystems in Yunnan, Southwest China. Science of the Total Environment, 616-617: 824-840.

Freedman J M, Fitzjarrald D R, Moore K E, et al. 2001. Boundary layer clouds and vegetation-atmosphere feedbacks. Journal of Climate, 14(2): 180-197.

Geiger D R, Servaites J C. 1994. Diurnal regulation of photosynthetic carbon metabolism in C3 plants. Annual Review of Plant Physiology and Plant Molecular Biology, 45: 235-256.

Goulden M L, Daube B C, Fan S M, et al. 1997. Physiological responses of a black spruce forest to weather. Journal of Geophysical Research-Atmospheres, 102: 28987-28996.

Grace S, Rayment M. 2000. Respiration in the balance. Nature, 404: 819-820.

Greco S, Baldocchi D D. 1996. Seasonal variation of $CO_2$ and water vapour exchange rate over a temperate deciduous forest. Global Change Biology, 2: 183-197.

Gu L, Baldocchi D, Verma S B, et al. 2002. Advantages of diffuse radiation for terrestrial ecosystem productivity. Journal of Geophysical Research-Atmospheres, 107: ACL2-1-ACL2-23.

Gu L, Baldocchi D D, Wofsy S, et al. 2003. Response of a deciduous forest to the Mount Pinatubo eruption: enhanced photosynthesis. Science, 299(5615): 2035-2038.

Hinko-Najera N, Isaac P, Beringer J, et al. 2017. Net ecosystem carbon exchange of a dry temperate eucalypt forest. Biogeosciences, 14(16): 3781-3800.

Hollinger D Y, Kelliher F M, Byers J N, et al. 1994. Carbon dioxide exchange between an undisturbed old-growth temperate forest and the atmosphere. Ecology, 75(1): 134-150.

Hollinger D Y, Kelliher F M, Schulze E D, et al. 1998. Forest-atmosphere carbon dioxide exchange in eastern Siberia. Agricultural and Forest Meteorology, 90(4): 291-306.

Jarvis P G, James G B, Landsberg J J. 1976. Coniferous forest. In: Monteith J L. Vegetation and the Atmosphere. London: Academic Press: 171-240.

Lloyd J, Taylor J A. 1994. On the temperature dependence of soil respiration. Functional Ecology, 8(3): 315-323.

Loescher H W, Oberbauer S F, Gholz H L, et al. 2003. Environmental controls on net ecosystem-level carbon exchange and productivity in a Central American tropic wet forest. Global Change Biology, 9(3): 396-412.

Luyssaert S, Inglima I, Jung M, et al. 2007. $CO_2$ balance of boreal, temperate, and tropical forests derived from a global database. Global Change Biology, 13(12): 2509-2537.

Matsuda R, Ohashi-Kaneko K, Fujiwara K, et al. 2004. Photosynthetic characteristics of rice leaves grown under red light with or without supplemental blue light. Plant and Cell Physiology, 45(12): 1870-1874.

McCaughey J H, Pejam M R, Arain M A, et al. 2006. Carbon dioxide and energy fluxes from a boreal mixedwood forest ecosystem in Ontario, Canada. Agricultural and Forest Meteorology, 140: 79-96.

Miyazawa Y, Kikuzawa K. 2005. Winter photosynthesis by saplings of evergreen broad-leaved trees in a deciduous temperate forest. New Phytologist, 165(3): 857-866.

Moncrieff J B, Malhi J, Leuning R. 1996. The propagation of errors in long-term measurements of land-atmosphere fluxes of carbon and water. Global Change Biology, 2(3): 231-240.

Powell T L, Gholz H L, Clark K L, et al. 2008. Carbon exchange of a mature, naturally regenerated pine forest in north Florida. Global Change Biology, 14(11): 2523-2538.

Raich J W, Schlesinger W H. 1992. The global carbon dioxide flux in soil respiration and its relationship to vegetation and climate. Tellus B: Chemical and Physical Meteorology, 44(2): 81-89.

Rey A, Pegoraro E, Tedeschi V, et al. 2002. Annual variation in soil respiration and its components in a coppice oak forest in Central Italy. Global Change Biology, 8(9): 851-866.

Ruimy A, Jarvis P G, Baldocchi D D, et al. 1995. $CO_2$ fluxes over plant canopies and solar radiation: a review. Advances in Ecological Research, 26: 1-68.

Saigusa N, Yamamoto S, Murayama S, et al. 2002. Gross primary production and net ecosystem exchange of a cool-temperate deciduous forest estimated by the eddy covariance method. Agricultural and Forest Meteorology, 112: 203-215.

Saigusa N, Yamamoto S, Murayama S, et al. 2005. Inter-annual variability of carbon budget components in an AsiaFlux forest site estimated by long-term flux measurements. Agricultural and Forest Meteorology, 134: 4-16.

Scott R L, Huxman T E, Barron-Gafford G A, et al. 2014. When vegetation change alters ecosystem water availability. Global Change Biology, 20(7): 2198-2210.

Sun Q Q, Meyer W S, Koerber G R, et al. 2017. Prior rainfall pattern determines response of net ecosystem carbon exchange to a large rainfall event in a semi-arid woodland. Agriculture, Ecosystems and Environment, 247: 112-119.

Teklemariam T, Staebler R M, Barr A G. 2009. Eight years of carbon dioxide exchange above a mixed forest at Borden, Ontario. Agricultural and Forest Meteorology, 149: 2040-2053.

Urban O, Janouš D, Acosta M, et al. 2007. Ecophysiological controls over the net ecosystem exchange of mountain spruce stand. Comparison of the response in direct vs. diffuse solar radiation. Global Change Biology, 13(1): 157-168.

Wang H M, Saigusa N, Yamamoto S, et al. 2004. Net ecosystem $CO_2$ exchange over a larch forest in Hokkaido, Japan. Atmospheric Environment, 38(40): 7021-7032.

Wen X F, Wang H M, Wang J L, et al. 2010. Ecosystem carbon exchange of a subtropical evergreen coniferous plantation subjected to seasonal drought, 2003-2007. Biogeosciences, 7: 357-369.

Wen X F, Yu G R, Sun X M, et al. 2006. Soil moisture effect on the temperature dependence of ecosystem respiration in a subtropical *Pinus* plantation of southeastern China. Agricultural and Forest Meteorology, 137: 166-175.

Wild M. 2009. Global dimming and brightening: a review. Journal of Geophysical Research-Atmospheres, 114: D00D16.

Wu J B, Guan D X, Wang M, et al. 2006. Year-round soil and ecosystem respiration in a temperate broad-leaved Korean Pine forest. Forest Ecology and Management, 223: 35-44.

Xu M, Qi Y. 2001. Spatial and seasonal variations of $Q_{10}$ determined by soil respiration measurements at a Sierra Nevadan forest. Global Biogeochemical Cycles, 15(3): 687-696.
Yan J H, Zhang Y P, Yu G R, et al. 2013. Seasonal and inter-annual variations in net ecosystem exchange of two old-growth forests in southern China. Agricultural and Forest Meteorology, 182-183: 257-265.
Yepez E A, Scott R L, Cable W L, et al. 2007. Intraseasonal variation in water and carbon dioxide flux components in a semiarid riparian woodland. Ecosystems, 10(7): 1100-1115.
Yuste J C, Janssens I A, Carrara A, et al. 2004. Annual $Q_{10}$ of soil respiration reflects plant phenological patterns as well as temperature sensitivity. Global Change Biology, 10(2): 161-169.
Zak D R, Holmes W E, MacDonald N W, et al. 1999. Soil temperature, matric potential, and the kinetics of microbial respiration and nitrogen mineralization. Soil Science Society of America Journal, 63(3): 575-584.
Zha T S, Kellomäki S, Wang K Y, et al. 2004. Carbon sequestration and ecosystem respiration for 4 years in a Scots pine forest. Global Change Biology, 10(9): 1492-1503.
Zhang M, Yu G R, Zhuang J, et al. 2011. Effects of cloudiness change on net ecosystem exchange, light use efficiency and water use efficiency in typical ecosystems of China. Agricultural and Forest Meteorology, 151(7): 803-816.
Zhang Y P, Tan Z H, Song Q H, et al. 2010. Respiration controls the unexpected seasonal pattern of carbon flux in an Asian tropical rain forest. Atmospheric Environment, 44(32): 3886-3893.

# 第 6 章 生态系统 $CO_2$ 通量

在全球碳循环研究中,人们不仅关注不同陆地生态系统的碳储量,而且更关注不同生态系统植被与大气间 $CO_2$ 通量的变化过程及其影响机制。森林是陆地生态系统的主体,在碳循环和全球变化中起着举足轻重的作用,森林生态系统 $CO_2$ 通量一直是全球各通量网研究的重点内容之一。

本章主要探讨人工林生态系统 $CO_2$ 通量交换。从已有文献看,中国人工林碳通量的观测研究对象主要为杨树(彭镇华等,2009;Zhou et al.,2013;Xu et al.,2017)、杉木(赵仲辉等,2011)、马尾松、湿地松(刘允芬等,2006;Yu et al.,2008)、竹林(陈云飞等,2013;Song et al.,2017)、栓皮栎(Tong et al.,2012)等,上述研究所用数据年限较短,其对森林生态系统碳收支评价存在不确定性。

本章基于 2006~2017 年人工林生态系统观测的 $CO_2$ 通量数据,在日、月、年尺度上分析了生态系统净碳交换的变化特征,并在年尺度上分析了碳收支状况及其对环境因子的响应,对评价林业生态工程对碳循环和气候变化的影响具有重要意义。

## 6.1 净生态系统碳交换量日变化

以 2006~2010 年为例,分析表明(图 6.1):人工林生长季(4~10 月)净生态系统碳交换量(NEE)具有明显的日变化规律。日出后,随着辐射和气温的增加,光合作用逐渐加强,生态系统由释放 $CO_2$ 转而吸收 $CO_2$,NEE 由正变负,生态系统成为大气 $CO_2$ 汇。至 12:00 前后,生态系统吸收的 $CO_2$ 量达到最大值。14:00 以后,随着辐射和气温下降,光合作用逐渐变弱,生态系统吸收的 $CO_2$ 量也逐渐减少。在 19:00 左右时,该生态系统处于碳平衡状态。日落前后,生态系统由吸收 $CO_2$ 转而释放 $CO_2$,NEE 由负变正。夜间,NEE 为正,生态系统通过呼吸作用向大气排放 $CO_2$,表现为大气 $CO_2$ 源。夜间生态系统释放的 $CO_2$ 量在小范围内波动,并明显少于白天吸收的 $CO_2$ 量(图 6.1)。

春季和夏季,生态系统净吸收的 $CO_2$ 量上午快速增加,下午则下降较缓。这与 Hollinger 等(1994)在温带森林所得结果类似。其原因主要是下午温度较高、饱和水汽压差较大,光合作用受到抑制;温度较高则提高了生态系统呼吸速率。

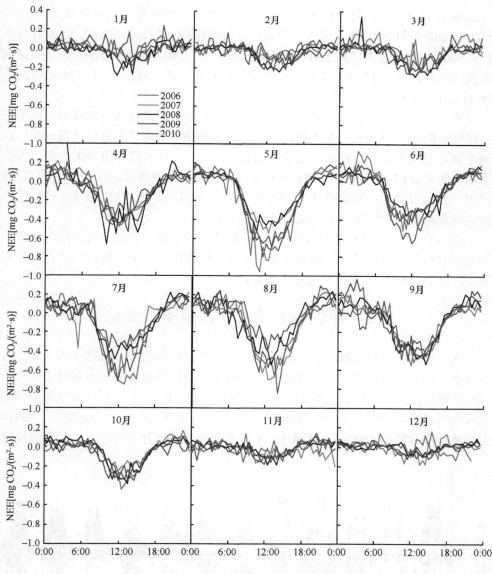

图 6.1 NEE 月平均日变化（彩图请见书后彩插）

在生长季，不同月份 NEE 日变化规律大体类似，但也有所不同。月平均日最大 $CO_2$ 吸收量出现在 4 月（2008 年）、5 月（2006 年和 2009 年）、7 月（2007 年）或 8 月（2010 年），2006～2010 年月平均日吸收最大值分别为 $-0.96\,mg\,CO_2/(m^2\cdot s)$、$-0.72\,mg\,CO_2/(m^2\cdot s)$、$-0.67\,mg\,CO_2/(m^2\cdot s)$、$-0.80\,mg\,CO_2/(m^2\cdot s)$ 和 $-0.85\,mg\,CO_2/(m^2\cdot s)$，稍低于 Wang 等（2004）在温带森林所得结果；10 月月平均日吸收碳则最小[$-0.38$～

−0.25mg $CO_2/(m^2·s)$]。月平均 NEE 日较差则以 5 月（2006 年、2009 年和 2010 年）、8 月（2007 年和 2010 年）最大（图 6.1）。日吸收 $CO_2$ 的起始时间以 5、6 月最早（约 7:00），10 月最晚（约 9:00）；结束时间 4~7 月都在 19:00 左右，8 月后逐渐提前，10 月提前至 17:30。日生态系统吸收 $CO_2$ 的持续时间以 5、6 月最大（12h），10 月最小（8.5h）（图 6.1）。

值得注意的是，当地 6 月的辐射和气温都是全年最高或接近最高的，但生态系统吸收的 $CO_2$ 量无论日最大值还是日平均值都小于相邻其他月份（图 6.1）。原因主要是空气干燥，饱和水汽压差（VPD）较大，叶片气孔阻力增大，从而影响了植物的光合作用。NEE 日较差主要受气温影响，一般气温高时 NEE 的日较差较大。但也有例外，如前所述，2006 年 6 月气温虽高，但 VPD 很大，$CO_2$ 的日最大吸收量较小，NEE 日较差也较小（图 6.1）。

进入非生长季（11 月至次年 3 月），随着气温下降，大部分树叶枯黄凋落，加之辐射和气温都很低，生态系统光合作用与呼吸作用很小，与大气间的 $CO_2$ 交换十分微弱，NEE 日变化不明显（图 6.1）。

## 6.2 净生态系统碳交换量季节变化

人工林生态系统 GPP、$R_{ec}$ 与 NEE 一样，均有明显的季节变化（图 6.2）。进入春季，随着辐射的增强、温度的升高，树木光合作用加强，生态系统净吸收的 $CO_2$ 量增加，至 5 月达到全年第一个高峰（图 6.2，图 6.3）。6 月，一方面干旱导致叶片气孔阻力增大，光合作用受到影响；另一方面高温促使生态系统呼吸增强，生态系统净吸收的 $CO_2$ 量有所减少。7 月进入雨季，水分条件适宜，光合作用增

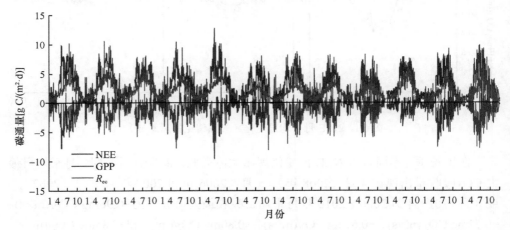

图 6.2 NEE、GPP 和 $R_{ec}$ 的季节变化（2006~2017 年）（彩图请扫封底二维码）

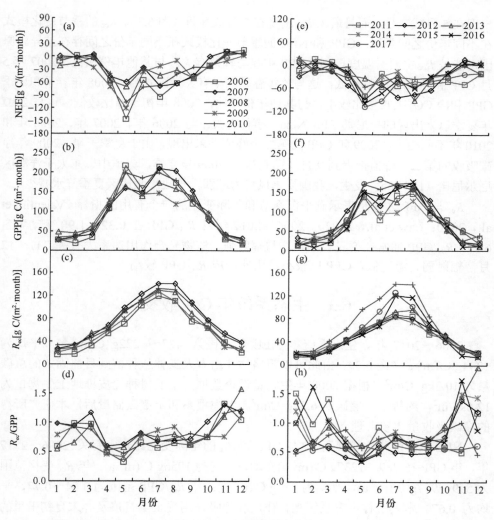

图 6.3 月 NEE、GPP、$R_{ec}$ 和 $R_{ec}$/GPP 季节变化（彩图请扫封底二维码）
（a）～（d）2006～2010 年；（e）～（h）2011～2017 年

强，所以生态系统净吸收的 $CO_2$ 量显著增加，在 7 月达到全年第二个高峰（图 6.3）。8 月以后，辐射和温度逐渐下降，随着季节的变化气温进一步下降，树叶枯黄凋落，叶面积指数（leaf area index，LAI）迅速降低，NEE、GPP 和 $R_{ec}$ 随之呈下降趋势。冬季人工林只有少量针叶，叶面积很小；加之温度、辐射很低，生态系统光合作用与呼吸作用都很弱，生态系统与大气间的碳交换在小范围内波动，净碳吸收量很小（图 6.2）。

2006～2017 年，年最大日 GPP、$R_{ec}$ 和 NEE 的范围分别为 7.9～12.7g C/(m²·d)、5.1～6.9g C/(m²·d)和−9.6～−5.3g C/(m²·d)（图 6.2）。月最大 GPP 和净 $CO_2$ 吸收量

出现在 5 月或 7 月，而月最大 $R_{ec}$ 出现在 7 月或 8 月（图 6.3）。$R_{ec}$ 的季节变化模式在不同年份之间类似；GPP 和 NEE 的季节变化模式在不同年份之间存在差异。原因可能是 $R_{ec}$ 主要受温度控制，GPP 主要与辐射有关。与其他年份相比，2007 年 5 月 GPP 和净 $CO_2$ 吸收最低，这与该年春季干旱有关（图 6.3）。2008 年春季和夏季 GPP 和净 $CO_2$ 吸收量比较小，与其他年份相比，2008 年初气温比较低，这与 2007 年夏季以来出现的拉尼娜（La Niña）事件有关。与 2006 年、2007 年、2008 年和 2010 年不同的是，2009 年 GPP 的第二个峰值并未出现，由于夏季干旱，2009 年净碳吸收的第二个峰值推迟到 9 月（图 6.3a）。2009 年夏季，赤道中、东太平洋海区厄尔尼诺（El Niño）发生，我国夏季风势力减弱，导致华北地区夏季降水减少。

$R_{ec}$ 与 GPP 之比是表示碳平衡季节和年际变化的一个有用的指标（Valentini et al.，2000；Law et al.，2002）。2006~2017 年月 $R_{ec}$/GPP 在 0.32~1.90 变动（图 6.3）。$R_{ec}$/GPP 通常在 5 月较小，这与辐射强、植物光合作用速率大有关。11~12 月，辐射弱、温度低，GPP 比较小，由此造成 $R_{ec}$/GPP 较高。

## 6.3 生态系统年 $CO_2$ 收支

2006~2017 年，生态系统年 NEE 的范围为 -477~-222g C/($m^2$·a)，平均为 -344g C/($m^2$·a)（图 6.3）。由此可以粗略估计出本人工林从种植到目前固定的总碳量为 10.3kg C/$m^2$，根据 2008 年生物量调查数据，主要树种栓皮栎地上生物量为 12.6kg/$m^2$，约等于存储碳量 6.3kg C/$m^2$。考虑根系和土壤碳储量后，本研究所得的净碳吸收量比较合理。

NEE 年际变化比较显著，这与 GPP 和 $R_{ec}$ 的年际变化比较大有关。2006~2017 年，年 GPP 在 789~1237g C/($m^2$·a)变动，平均为 1056g C/($m^2$·a)；年 $R_{ec}$ 变化范围为 559~957g C/($m^2$·a)，平均为 712g C/($m^2$·a)；年 $R_{ec}$/GPP 范围为 0.54~0.77，平均为 0.67。本人工林生态系统光合作用和呼吸作用受土壤贫瘠及春末夏初干旱的影响，研究所得的 GPP 和 $R_{ec}$ 远低于温带地区其他人工林，但与其他地区相比，研究所得的净碳吸收比较大，主要原因与 $R_{ec}$/GPP 相对较小有关（表 6.1）。

表 6.1 不同人工林年 NEE、GPP 和 $R_{ec}$ 的对比

| 地点 | 经纬度 | 主要树种 | 林龄（年） | NEE [g C/($m^2$·a)] | GPP [g C/($m^2$·a)] | $R_{ec}$ [g C/($m^2$·a)] | $R_{ec}$/GPP | 气温（℃） | 降水量（mm） | 研究年份 | 参考文献 |
|---|---|---|---|---|---|---|---|---|---|---|---|
| 加拿大 Turkey Point（TP02） | 42°39'41.93″N, 80°33'35.60″W | 白松 | 1~14 | -104 | — | — | — | 8.8 | 991 | 2003~2016 | Chan et al., 2018 |
| 法国 Le Bray | 44°42'N, 0°46'W | 海岸松 | 28, 31 | -537 | 2140 | 1604 | 0.75 | 14.2 | 915 | 1998, 2001 | Kowalski et al., 2003 |

续表

| 地点 | 经纬度 | 主要树种 | 林龄（年） | NEE [g C/(m²·a)] | GPP [g C/(m²·a)] | $R_{ec}$ [g C/(m²·a)] | $R_{ec}$/GPP | 气温（℃） | 降水量（mm） | 研究年份 | 参考文献 |
|---|---|---|---|---|---|---|---|---|---|---|---|
| 河南小浪底 | 35°01′N, 112°28′E | 栓皮栎 | 42 | −344 | 1056 | 712 | 0.67 | 15.1 | 485 | 2006~2017 | 本研究 |
| 黑龙江帽儿山 | 45°20′N, 127°34′E | 落叶松 | 39 | −263 | 981 | 718 | 0.73 | 2.8 | 724 | 2008 | 邱岭等，2011 |
| 日本桐生 | 34°58′N, 135°59′E | 扁柏 | 42 | −479 | 1539 | 1060 | 0.69 | 14.1 | 1309 | 2001~2002 | Takanashi et al., 2005 |
| 日本苫小牧 | 42°44′N, 141°31′E | 落叶松 | 45 | −212 | 1673 | 1462 | 0.87 | 6.2 | 1040 | 2001~2003 | Hirata et al., 2007 |
| 日本高山 | 36°08′N, 137°22′E | 雪松、扁柏 | 40~50 | −339 | 2205 | 1860 | 0.84 | 11.2 | 1723 | 2006~2007 | Saitoh et al., 2010 |
| 加拿大温哥华岛 | 49°52′N, 125°20′W | 花旗松 | 56 | −293 | 2076 | 1784 | 0.86 | 8.4 | 1293 | 1998~2005 | Schwalm et al., 2007 |
| 加拿大Turkey Point | 42°42′N, 80°22′W | 白松 | 65 | −196 | 1442 | 1247 | 0.86 | 7.8 | 710 | 2002~2003 | Arain and Restrepo-Coupe, 2005 |

注："—"表示没有数据

森林 $CO_2$ 吸收与气温有着紧密的联系，温度不仅影响自养和异养呼吸，还影响冠层光合作用，进而控制生态系统 $CO_2$ 通量。Carrara 等（2003）指出温带森林碳平衡的年际变化主要与生长季的长度和年平均气温有关。对于落叶阔叶林，其年 $R_{ec}$ 与年平均气温呈负相关关系，GPP 则随温度变化不大，于是造成年 NEE 随气温的升高而升高。对于常绿针叶林，GPP、$R_{ec}$ 和 NEE 都随温度的升高而增加（Yuan et al., 2009）。春季升温对 GPP 的增量大于 $R_{ec}$，于是造成 NEP 增加；秋季增温则对 $R_{ec}$ 促进更大，抵消了春季升温的作用（Piao et al., 2008）。在年尺度上，基于涡度相关观测数据，王兴昌等（2008）发现全球森林 NEP 与年平均气温（mean annual temperature，MAT）呈极显著的二次函数关系。与 NEP 不同，GPP 随 MAT 线性增长，$R_{ec}$ 则随 MAT 升高指数增加。在本研究中，2006~2017 年黄河小浪底人工林 NEE、GPP 和 $R_{ec}$ 的年际变化与年平均气温、降水量关系不显著。综合北方、温带和热带森林碳交换文献后，Luyssaert 等（2007）发现年 GPP 随年降水量的增加而增大，但年 NEE 与年降水量关系不明显。本研究中，人工林 NEE 年际变化主要与 4~5 月 SWC 呈显著相关关系（$P<0.05$）（图 6.4）。本研究主要树种为栓皮栎，春季是树木生长发育的关键时期，当春季发生干旱时，光合作用速率下降，叶片生长受到限制，于是造成植物冠层叶面积指数（LAI）较小，进而影响全年碳吸收。年 GPP 与年平均 SWC 和 VPD 具有显著相关关系（$P<0.05$），年 SWC 则是控制 $R_{ec}$ 年际变化的主要因素（图 6.5）。

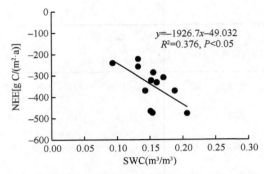

图 6.4　年 NEE 与 4～5 月土壤含水量（SWC）的关系

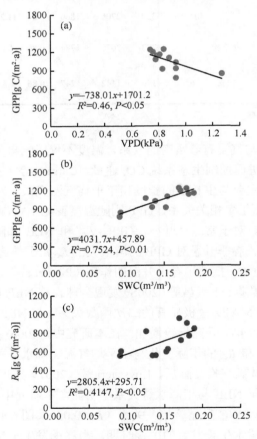

图 6.5　年 GPP 和 $R_{ec}$ 与年平均土壤含水量（SWC）、饱和水汽压差（VPD）的关系

表 6.1 列出了文献报道 34°N～50°N 共 9 个站点的碳通量观测结果，涵盖了亚热带、温带不同树种的人工林生态系统。本文所得碳通量在他人所得的人工林的碳通量范围之内。从表 6.1 可以看出，人工林 NEE 变化范围很大，为 −537～

−104 g C/(m²·a)。不同地区气候、土壤及树种上的差别是导致森林碳通量差异的重要原因。在年尺度上，降水量对人工林 NEE 影响不显著，但 GPP 和 $R_{ec}$ 随降水量的增加而显著增加（$P<0.01$）（图 6.6）。

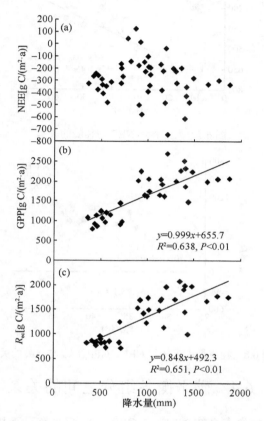

图 6.6  人工林年 NEE、GPP、$R_{ec}$ 与年降水量的关系

若不考虑森林生态系统在气候、土壤及树种甚至林型上的差别，仅分析净生态系统生产力（NEP）与林龄的关系，则可发现当林龄范围为 0～100 年时，人工林碳吸收能力随林龄的增加而降低（Arain and Restrepo-Coupe，2005）。对于人工林生态系统，林龄<20 年时，其净碳吸收随林龄的增加显著增加（$P<0.05$）；当林龄为 20～65 年时，其净碳吸收随林龄的增加显著降低（$P<0.05$）（图 6.7），这与 Peichl 等（2010）对北美乔松人工林研究结果类似。本研究区人工林处于近熟林阶段，其 NEE 与林龄关系不显著，GPP 和 $R_{ec}$ 则随林龄的增加而降低（图 6.8）。由于光合作用固定的碳量和呼吸消耗的碳量下降速率基本接近，因而并未造成净碳吸收的显著降低。

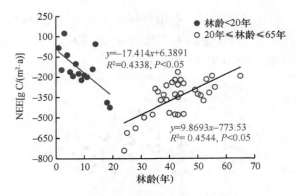

图 6.7 人工林年 NEE 与林龄的关系

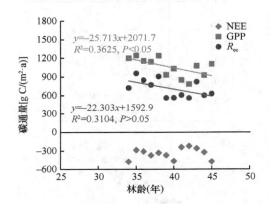

图 6.8 栓皮栎人工林年 NEE、GPP、$R_{ec}$ 与林龄的关系

## 6.4 碳平衡各组分之间的关系

在月尺度上，本生态系统 NEE 与 GPP、$R_{ec}$ 都具有显著相关关系（$P<0.01$）（图 6.9a、b）。GPP 与 $R_{ec}$ 之间具有显著的正线性相关关系（$P<0.01$）（图 6.9c）。这说明 GPP 和 $R_{ec}$ 对相对稳定的环境变化的响应具有同向共变性。由图 6.9c 可知，生态系统呼吸的 75% 是由 GPP 的变化引起的，这说明该生态系统呼吸与植物光合作用的关系较温度更为紧密。其原因主要有：①根系呼吸决定于植物冠层光合作用的大小；②光合产物较多时植物呼吸速率也较大。因此，在模拟生长季生态系统呼吸时应该考虑光合作用的影响（Janssens et al., 2001）。本研究所得 GPP 与 $R_{ec}$ 之间的关系与 Janssens 等（2001）、Wen 等（2010）的研究结果类似。在年尺度上，温带地区森林 GPP 与 $R_{ec}$ 之间也具有显著的正线性相关关系（$P<0.01$）（图 6.9d）。王兴昌等（2008）研究指出，在全球尺度上，$R_{ec}$ 与 GPP 之间并非线性相关，而是呈显著的二次函数关系。

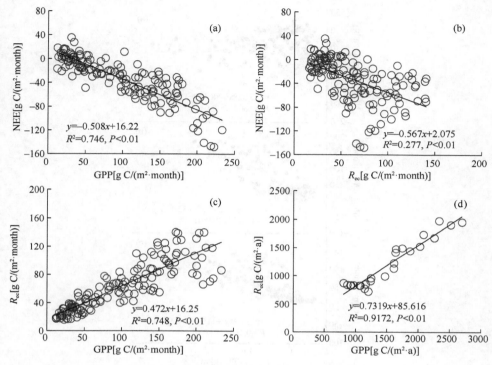

图 6.9 生态系统碳平衡各组分之间的关系
(a) ~ (c) 月尺度；(d) 年尺度

## 6.5 碳平衡各组分与饱和水汽压差及土壤水分的关系

当 VPD 超过 1.8kPa 时，生态系统 GPP 和 $R_{ec}$ 同时下降，但 GPP 下降更快，导致 NEE 降低（图 6.10）。主要原因在于：VPD 增加时，叶水势降低，限制了气孔的开张，影响了与光合作用有关的酶活性，从而降低了植被与大气间的 $CO_2$ 交换。刘允芬等（2006）对中亚热带人工针叶林生态系统 $CO_2$ 通量的季节变化研究发现，温度与 VPD 共同影响着生态系统碳吸收能力，VPD 影响更大。

在月尺度上，生长季生态系统 GPP、$R_{ec}$ 与土壤含水量之间具有显著的线性相关关系（$P<0.01$）（图 6.11）。当土壤湿度较低时，生态系统呼吸和光合作用均较小，但 GPP 比 $R_{ec}$ 对土壤湿度的响应更敏感。这与 Misson 等（2005）对西黄松人工林、Granier 等（2007）对欧洲森林、Dore 等（2008）对美国西黄松研究结果类似。

# 78 | 人工林生态系统温室气体通量观测研究

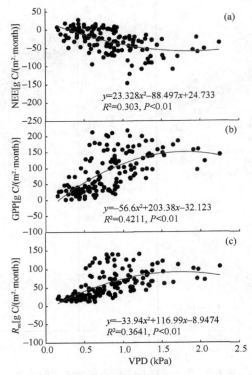

图 6.10  月 GPP、$R_{ec}$ 和 NEE 与月平均 VPD 的关系
图中点为 2006~2017 年数据

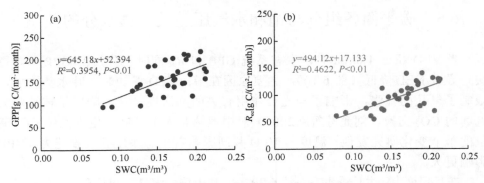

图 6.11  月 GPP、$R_{ec}$ 与月平均土壤含水量（SWC）的关系
图中点为生长季中期数据

## 6.6 小　　结

生态系统 NEE 日变化在生长季（4~10 月）十分显著，在非生长季（11 月至次年 3 月）不明显。月平均日最大 $CO_2$ 吸收量一般出现在 4、5 月或 7、8 月。月

平均 NEE 日较差则以 5 月和 8 月最大。

GPP、$R_{ec}$ 和 NEE 的季节变化明显。月最大 GPP 和净 $CO_2$ 吸收量出现在 5 月或 7 月，月最大 $R_{ec}$ 出现在 7 月或 8 月。2006～2017 年，NEE、GPP、$R_{ec}$ 平均值分别为 $-344$g C/(m$^2$·a)、1056g C/(m$^2$·a)、712g C/(m$^2$·a)，表明本人工林是较强碳汇。年际净碳吸收的差异主要与春季土壤湿度有关。

## 参 考 文 献

陈云飞, 江洪, 周国模, 等. 2013. 人工高效经营雷竹林 $CO_2$ 通量估算及季节变化特征. 生态学报, 33(11): 3434-3444.

顾峰雪, 于贵瑞, 温学发, 等. 2008. 干旱对亚热带人工针叶林碳交换的影响. 植物生态学报, 32(5): 1041-1051.

刘允芬, 于贵瑞, 温学发, 等. 2006. 千烟洲中亚热带人工林生态系统 $CO_2$ 通量的季节变异特征. 中国科学(D 辑: 地球科学), 36(增刊Ⅰ): 91-102.

彭镇华, 王妍, 任海青, 等. 2009. 安庆杨树林生态系统碳通量及其影响因子研究. 林业科学研究, 22(2): 237-242.

邱岭, 祖元刚, 王文杰, 等. 2011. 帽儿山地区落叶松人工林 $CO_2$ 通量特征及对林分碳收支的影响. 应用生态学报, 22(1): 1-8.

王兴昌, 王传宽, 于贵瑞. 2008. 基于全球涡度相关的森林碳交换的时空格局. 中国科学(D 辑: 地球科学), 38(9): 1092-1108.

赵仲辉, 张利平, 康文星, 等. 2011. 湖南会同杉木人工林生态系统 $CO_2$ 通量特征. 林业科学, 47(11): 6-12.

Arain M A, Restrepo-Coupe N. 2005. Net ecosystem production in a temperate pine plantation in southeastern Canada. Agricultural and Forest Meteorology, 128: 223-241.

Carrara A, Kowalski A S, Neirynck J, et al. 2003. Net ecosystem $CO_2$ exchange of mixed forest in Belgium over 5 years. Agricultural and Forest Meteorology, 119: 209-227.

Chan F C C, Arain M A, Khomik M, et al. 2018. Carbon, water and energy exchange dynamics of a young pine plantation forest during the initial fourteen years of growth. Forest Ecology and Management, 410: 12-26.

Dore S, Kolb T E, Montes-Helu M, et al. 2008. Long-term impact of a stand-replacing fire on ecosystem $CO_2$ exchange of a ponderosa pine forest. Global Change Biology, 14(8): 1801-1820.

Granier A, Reichstein M, Bréda N, et al. 2007. Evidence for soil water control on carbon and water dynamics in European forests during the extremely dry year: 2003. Agricultural and Forest Meteorology, 143: 123-145.

Hirata R, Hirano T, Saigusa N, et al. 2007. Seasonal and interannual variations in carbon dioxide exchange of a temperate larch forest. Agricultural and Forest Meteorology, 147(3-4): 110-124.

Hollinger D Y, Kelliher F M, Byers J N, et al. 1994. Carbon dioxide exchange between an undisturbed old-growth temperate forest and the atmosphere. Ecology, 75(1): 134-150.

Janssens I A, Lankreijer H, Matteucci G, et al. 2001. Productivity overshadows temperature in determining soil and ecosystem respiration across European forests. Global Change Biology, 7(3): 269-278.

Kowalski S, Sartore M, Burlett R, et al. 2003. The annual carbon budget of a French pine forest

(*Pinus pinaster*) following harvest. Global Change Biology, 9: 1051-1065.

Law B E, Falge E, Gu L, et al. 2002. Environmental controls over carbon dioxide and water vapor exchange of terrestrial vegetation. Agricultural and Forest Meteorology, 113: 97-120.

Luyssaert S, Janssens I A, Sulkava M, et al. 2007. Photosynthesis drives anomalies in net carbon-exchange of pine forests at different latitudes. Global Change Biology, 13(10): 2110-2127.

Misson L, Tang J W, Xu M, et al. 2005. Influences of recovery from clear-cut, climate variability, and thinning on the carbon balance of a young ponderosa pine plantation. Agricultural and Forest Meteorology, 130: 207-222.

Peichl M, Arain M A, Brodeur J J. 2010. Age effects on carbon fluxes in temperate pine forests. Agricultural and Forest Meteorology, 150: 1090-1101.

Piao S L, Ciais P, Friedlingstein P, et al. 2008. Net carbon dioxide losses of northern ecosystems in response to autumn warming. Nature, 451(7174): 49-52.

Rodrigues A, Pita G, Mateus J, et al. 2011. Eight years of continuous carbon fluxes measurements in a Portuguese eucalypt stand under two main events: drought and felling. Agricultural and Forest Meteorology, 151(4): 493-507.

Saitoh T M, Tamagawa I, Muraoka H, et al. 2010. Carbon dioxide exchange in a cool-temperate evergreen coniferous forest over complex topography in Japan during two years with contrasting climates. Journal of Plant Research, 123: 473-483.

Schwalm C R, Black T A, Morgenstern K, et al. 2007. A method for deriving net primary productivity and component respiratory fluxes from tower based eddy covariance data: a case study using a 17-year data record from a Douglas-fir chronosequence. Global Change Biology, 13: 370-385.

Song X Z, Chen X F, Zhou G M, et al. 2017. Observed high and persistent carbon uptake by Moso bamboo forests and its response to environmental drivers. Agricultural and Forest Meteorology, 247: 467-475.

Takanashi S, Kosugi Y, Tanaka Y, et al. 2005. $CO_2$ exchange in a temperate Japanese cypress forest compared with that in a cool-temperate deciduous broad-leaved forest. Ecological Research, 20: 313-324.

Tong X J, Meng P, Zhang J S, et al. 2012. Ecosystem carbon exchange over a warm-temperate mixed plantation in the lithoid hilly area of the North China. Atmospheric Environment, 49: 257-267.

Valentini R, Matteucci G, Dolman A J, et al. 2000. Respiration as the main determinant of carbon balance in European forests. Nature, 404(6780): 861-865.

Wang H M, Saigusa N, Yamamoto S, et al. 2004. Net ecosystem $CO_2$ exchange over a larch forest in Hokkaido, Japan. Atmospheric Environment, 38(40): 7021-7032.

Wen X F, Wang H M, Wang J L, et al. 2010. Ecosystem carbon exchanges of a subtropical evergreen coniferous plantation subjected to seasonal drought, 2003-2007. Biogeosciences, 7: 357-369.

Xu H, Zhang Z Q, Chen J Q, et al. 2017. Cloudiness regulates gross primary productivity of a poplar plantation under different environmental conditions. Canadian Journal of Forest Research, 47(5): 648-658.

Yu G R, Zhang L M, Sun X M, et al. 2008. Environmental controls over carbon exchange of three forest ecosystems in eastern China. Global Change Biology, 14(11): 2555-2571.

Yuan W P, Luo Y Q, Richardson A D, et al. 2009. Latitudinal patterns of magnitude and interannual variability in net ecosystem exchange regulated by biological and environmental variables. Global Change Biology, 15: 2905-2920.

Zhou J, Zhang Z Q, Sun G, et al. 2013. Response of ecosystem carbon fluxes to drought events in a poplar plantation in Northern China. Forest Ecology and Management, 300: 33-42.

# 第 7 章 生态系统生产力及水分利用效率对干旱的响应

干旱会影响植被光合和蒸腾过程，进而改变生态系统水分利用效率。在气候变暖背景下，干旱事件发生的可能性增加（Dai，2013；Stocker et al.，2013），导致植物水分胁迫（Ghrab et al.，2013）。自 20 世纪 90 年代以来，华北地区干旱发生的次数和频率不断增加（Wang et al.，2012），影响区域植被生长和水分利用效率。

植物干旱指标涉及叶片、冠层、生态系统尺度。叶片尺度指标主要包括气孔导度、叶片含水量和水势、光合及蒸腾速率、脯氨酸含量等参数，但空间代表性不足。在冠层及生态系统尺度上常用指标有冠层温度、蒸散速率。冠层温度是影响植物生理生态过程及能量平衡状况的重要参数，可表征土壤水分和植物水分状况。Idso 等（1981）和 Jackson 等（1981）提出了基于冠-气温差法的植被水分胁迫指标以量化植被水分胁迫状况，但该指标需要确定冠层上限和下限温度和气温（Veysi et al.，2017），只适用于晴天天气条件下（DeJonge et al.，2015）。从能量平衡的角度计算植被潜在蒸散，利用实际蒸散与潜在蒸散确定的植被水分胁迫指数（plant water stress index，PWSI）可以克服上述指标的局限性。

目前，利用模型模拟和实验观测对干旱胁迫对华北地区森林生态系统生产力的影响开展了相关研究，但尚需基于定位观测数据，进一步解释干旱对该地区森林植被生产力及水分利用的影响程度及机制。

本章以 2006~2009 年为例，分析了生态系统 PWSI 变化特征及其与生态系统生产力及蒸散、水分利用效率（water use efficiency，WUE）的关系，揭示了水碳耦合对干旱的响应，为进一步准确评估人工林碳汇能力和理解水分利用策略提供理论依据。

## 7.1 生态系统植被水分胁迫指数日变化

在植物旺盛生长季内，生态系统植被水分胁迫指数（PWSI）在 9:00~15:30 比较高，约为 0.72，且在这段时间内生态系统 PWSI 的变化并不明显（2006 年 5 月 18~20 日）（图 7.1）。在清晨和傍晚，PWSI 比较低，分别为 0.62~0.66，表明树木在这两个时间段出现了轻度水分胁迫。Mangus 等（2016）对玉米田的研究发现，作物水分胁迫在 13:30~15:00 达到最高值。在实际条件下，PWSI 峰值是否会出现，以及出现的时间取决于当时的环境条件。

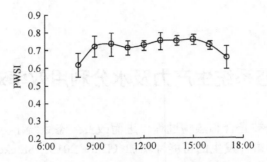

图 7.1　生态系统 PWSI 的日变化（2006 年 5 月 18~20 日）

## 7.2　生态系统植被水分胁迫指数季节变化

5~6 月，生态系统 PWSI 较高（图 7.2），这是由于该时期降水少、气温较高，生态系统潜在蒸散量大。2006 年、2007 年、2008 年和 2009 年 5~6 月平均 PWSI 值分别为 0.50、0.60、0.70 和 0.66。春季干燥的大气和土壤条件会抑制树冠和最大叶面积的形成，通过减少碳利用效率影响植物碳状态（Ciais et al.，2005），进

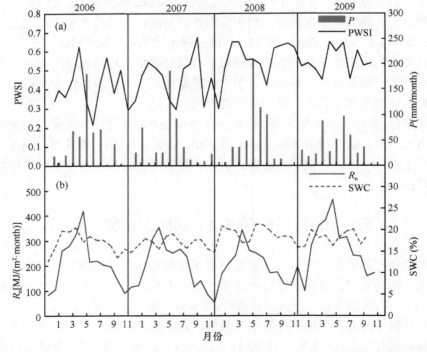

图 7.2　生态系统 PWSI、净辐射（$R_n$）、降水量（$P$）和土壤含水量（SWC）的季节变化（2006~2009 年）

而导致年净碳吸收下降（Flanagan et al.，2002）。6月，尽管水分胁迫可能会抑制所有叶片的气体交换率，但对现有叶片气体交换速率的影响相比，水分胁迫对新叶形成的影响更大（Noormets et al.，2008；2010）。

本研究区土层较薄，且岩石比较多，水分下渗少，导致大部分降水径流损失掉，限制了土壤的蓄水能力。2008年7~9月降水量是2009年同期的两倍多，但是2008年较多的降水并没有维持高的土壤含水量（图7.2），年际PWSI值的差异并不明显。尽管2008年6月和2009年同期降水量相同，但2009年6月PWSI比较高，这可能与2009年净辐射比较高、蒸散消耗的水分多有关。在2006~2009年研究期间，年平均PWSI分别为0.44、0.45、0.55和0.56。

## 7.3　生态系统植被水分胁迫指数与水热要素的关系

图7.3显示了生长季生态系统PWSI和净辐射（$R_n$）、饱和水汽压差（VPD）和土壤含水量（SWC）之间的关系。中度胁迫（0.4<PWSI<0.6）和重度水分胁迫（PWSI>0.6）对应高VPD、低SWC（图7.3）。SWC从15.9%上升到25.9%时，PWSI从0.83下降到0.22，中度和重度水分胁迫条件下，PWSI对SWC变化很敏感。与多云天气条件下相比，晴天天气条件下PWSI与SWC具有较强的关系（图7.4）。与$R_n$和SWC相比，VPD与PWSI之间具有较强的相关性，PWSI变化的60%可由VPD来解释。García-Tejero等（2017）在橄榄树果园研究发现，PWSI与SWC之间具有显著的相关关系，在草原（Dold et al.，2017）和玉米田（Cárcova et al.，1998；Mangus et al.，2016），PWSI与SWC之间也具有类似的关系。在苹果园，中度水分胁迫条件下PWSI对SWC变化很敏感（Osroosh et al.，2016）。然而，在大豆和棉花田，有研究发现SWC较高时PWSI较大（Reicosky et al.，1985；Dold et al.，2017），这主要是大豆和棉花相对于小麦等作物对水分需求小，具有相对高的抗旱性。

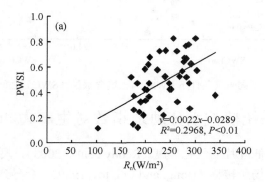

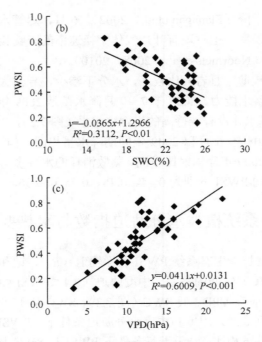

图7.3 生态系统PWSI与净辐射($R_n$)、饱和水汽压差(VPD)和土壤含水量(SWC)之间的关系

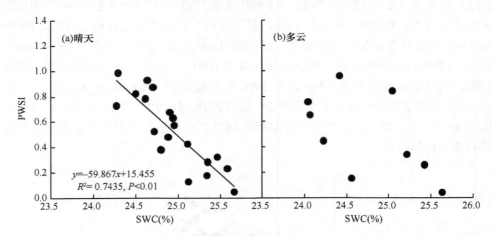

图7.4 不同天气条件下PWSI与土壤含水量(SWC)之间的关系

## 7.4 生态系统植被水分胁迫指数对生产力和呼吸的影响

水分胁迫会降低叶片的气孔导度(Reddy et al., 2003),限制$CO_2$从胞间空隙向进行羧化作用的场所转移(Bongi and Loreto, 1989),会导致光合速率降低。本研究表明:总初级生产力(GPP)和净生态系统生产力(NEP)随PWSI的增加显

著降低（图7.5，图7.6），但生态系统呼吸（$R_{ec}$）对PWSI的变化不敏感（图7.6）。在水分胁迫情况下，GPP比$R_{ec}$更易受到抑制（图7.6），即对水分胁迫更敏感，这与Tang和Baldocchi（2005）在橡树-热带稀疏草原、Novick等（2015）在温带落叶林所得结果一致。其原因可能在于：GPP依赖于整个土壤中有多少水能被根系利用（Reichstein et al., 2002），$R_{ec}$则主要受由上层土壤温度控制（Tong et al., 2012）。与本研究不同的是，北方山杨林生态系统呼吸受水分胁迫影响，但GPP受水分胁迫影响较小，最终造成NEP的增加（Barr et al., 2007）。火炬松林GPP对水分胁迫不敏感（Noormets et al., 2010）。干旱年份较高的叶面积指数（LAI）和强辐射掩盖了GPP对干旱的敏感性。对于湿地松林，GPP对水分胁迫的响应几乎与生态系统呼吸类似，结果造成年NEP比较稳定（Powell et al., 2008）。

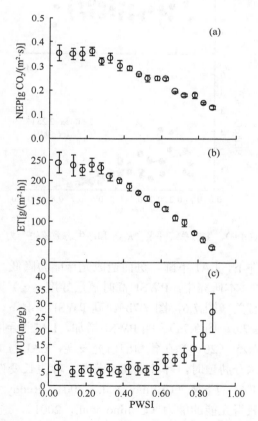

图7.5 净生态系统生产力（NEP）、蒸散（ET）和水分利用效率（WUE）随PWSI的变化

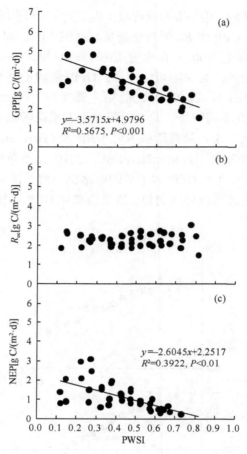

图 7.6 总初级生产力（GPP）、生态系统呼吸（$R_{ec}$）和净生态系统生产力（NEP）与 PWSI 的关系

在水分胁迫条件下，LAI 下降，进而造成光合能力降低。图 7.7a 表示 PWSI 较高时 LAI 比较小。本研究中，PWSI 高时冠层导度（$g_c$）则较低。因此，NEP 的下降与气孔控制有关（图 7.6，图 7.7b）。高 PWSI 情况下，LAI 比较小，于是导致 GPP 下降（图 7.6，图 7.7a）。随 PWSI 增加，LAI 受到抑制比较明显（$P <$ 0.001）。Çolak 和 Yazar（2017）在葡萄园研究发现，LAI 与 PWSI 之间具有负相关关系。植物受到水分胁迫时，叶片卷曲、萎蔫，叶生长变慢，碳水化合物的供给减少，进而引起 LAI 的下降（Collino et al., 2001；Reddy et al., 2003）。叶面积减少降低了植物获得光能的能力（Collino et al., 2001），造成人工林 NEP 的下降（图 7.6c，图 7.7a）。对于温室植物，植物水胁迫指数与叶面积具有弱的负相关关系，即较小的叶面积对应较高的水分胁迫指数（Carroll et al., 2017）。

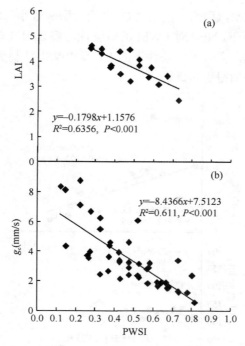

图 7.7 叶面积指数（LAI）和冠层导度（$g_c$）与 PWSI 的关系

植物生长季，在 PWSI 高于 0.6 时，NEP 受到抑制（图 7.5，图 7.6）。PWSI 较高时，水分胁迫使得核酮糖-1,5-双磷酸羧化酶/加氧酶活化酶（Rubisco）活性（Parry et al.，2002）降低，RuBP 合成减少（Tezara et al.，1999）。在水分胁迫条件下，木质部导水率下降（Tyree and Sperry，1989），证明了水分胁迫时 GPP 受到生理抑制的假设（Noormets et al.，2010）。在草原（Holifield Collins et al.，2008；Dold et al.，2017）、小麦-玉米轮作田（Li et al.，2010）、玉米田和大豆田（Dold et al.，2017）均发现在水分胁迫时 NEP 减少。Pingintha 等（2010）也发现，在光合有效辐射高时，土壤出现水分胁迫，NEP 受到抑制。然而，在短叶松林，干旱对 NEP 影响不大（Chasmer et al.，2008）。

## 7.5 生态系统植被水分胁迫指数对水分利用效率的影响

当生态系统 PWSI 小于 0.6 时，水分利用效率（WUE）变化较小。PWSI 较高（>0.6）时，与 NEP 相比，蒸散（evapotranspiration，ET）受到的抑制更大，于是造成 WUE 的增加（图 7.5，图 7.8），这表明人工林对水分抑制具有保守策略。冠层导度（$g_c$）与 PWSI 之间具有显著的负相关关系（$P<0.001$）（图 7.7b）。冠层导度减小会引起植物蒸腾速率下降。然而，$g_c$ 下降时光合作用受到的影响则较小，

主要原因在于：相对水汽而言，$g_c$ 对 $CO_2$ 交换的影响较小（Steduto and Hsiao，1998）。晴天天气条件下，NEP 对 PWSI 的敏感性与多云天气条件下接近（图 7.8）。与晴天天气条件相比，多云天气条件下的 ET 受 PWSI 抑制更明显。因此，WUE 在多云天气条件下增加得更多。

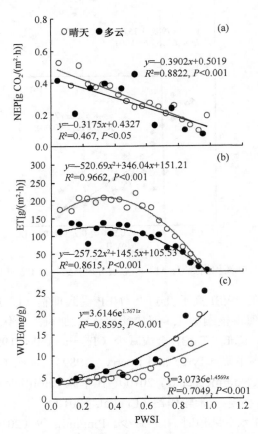

图 7.8　晴天、多云天气条件下 NEP、ET 和 WUE 随 PWSI 的变化

$g_c$ 随 PWSI 的增加而降低，导致 NEP 和 ET 下降（图 7.5）。PWSI 大于 0.6 时，NEP 的下降幅度小于 ET 的下降幅度，于是造成 WUE 增加。本研究结果类似于在洋姜（Conde et al.，1991；Janket et al.，2013）、木薯（Olanrewaju et al.，2009）的研究中所得到的结果。在半干旱地区的松林，夏季干旱造成 WUE 增加，且幼龄人工林比成熟西黄松更易受严重水分胁迫的影响（Vickers et al.，2012）。北方落叶林在干旱年 WUE 高（Brümmer et al.，2012）。对于干旱地区金合欢-稀树大草原林，土壤水分低时 WUE 较高（Eamus et al.，2013）。植被水分胁迫的生理响应包括降低酶活性以防止水分损失（van der Molen et al.，2011）。此外，植物对水分胁迫的响

应是气孔关闭,这会造成水蒸气和 $CO_2$ 导度下降(McCree and Fernandez,1989)。在水分胁迫条件下,气孔关闭是森林生态系统防止木质部栓塞而产生的响应(Hartmann,2011)。在中国东部森林生态系统也得到了与本研究类似的结果:中度干旱胁迫时,WUE 会升高(Yu et al.,2008),这主要是干旱时,一方面,气孔导度的减小限制了 $CO_2$ 的供应,从而引起光合速率的下降;另一方面,水分胁迫使叶肉光合能力降低,进而对气孔导度产生反馈调节(孙广玉等,1991)。植物遭受严重干旱胁迫时,蒸腾量随着光合作用的降低而减少,避免了水分的无效消耗。然而,Reichstein 等(2002)研究发现,随土壤含水量的下降,WUE 降低,表明在极端干旱条件下,除了气孔因子,非气孔因子也会引起光合作用的下降。

## 7.6 小 结

2006～2009 年,生态系统年均 PWSI 分别为 0.50、0.60、0.70 和 0.66。春季和初夏时降水少,PWSI 比较大,生态系统易受水分胁迫影响。

当 PWSI 小于 0.6 时,WUE 变化较小。PWSI 高于 0.6 时,NEP 下降幅度小于 ET 下降幅度,造成 WUE 增加。

GPP、NEP、LAI 和 $g_c$ 随 PWSI 的增加显著降低,但 $R_{ec}$ 对 PWSI 的变化不敏感。晴天天气条件下,NEP 对 PWSI 的响应与多云天气条件下类似。在 PWSI>0.6 时,与晴天天气条件下相比,多云天气条件下随 PWSI 的增加,ET 降低的速率更大,于是造成 WUE 在多云天气条件下增加得更多。

PWSI 是一个量化森林生态系统水分胁迫的重要指标。未来应结合干旱胁迫持续时间、极端干旱程度,综合分析 PWSI 对森林生态系统生产力和水分利用效率的影响。

## 参 考 文 献

孙广玉, 邹琦, 程炳嵩, 等. 1991. 大豆光合速率和气孔导度对水分胁迫的响应. 植物学报, 33(1): 43-49.

Barr A G, Black T A, Hogg E H, et al. 2007. Climatic controls on the carbon and water balances of a boreal aspen forest, 1994-2003. Global Change Biology, 13(3): 561-576.

Bongi G, Loreto F. 1989. Gas-exchange properties of salt stressed olive (*Olea europea* L.) leaves. Plant Physiology, 90(4): 1408-1416.

Brümmer C, Black T A, Jassal R S, et al. 2012. How climate and vegetation type influence evapotranspiration and water use efficiency in Canadian forest, peatland and grassland ecosystems. Agricultural and Forest Meteorology, 153: 14-30.

Cárcova J, Maddonni G A, Ghersa C M. 1998. Crop water stress index of three maize hybrids grown in soils with different quality. Field Crops Research, 55(1/2): 165-174.

Carroll D A, Hansen N C, Hopkins B G, et al. 2017. Leaf temperature of maize and crop water stress

index with variable irrigation and nitrogen supply. Irrigation Science, 35(6): 549-560.
Chasmer L, McCaughey H, Barr A, et al. 2008. Investigating light-use efficiency across a jack pine chronosequence during dry and wet years. Tree Physiology, 28(9): 1395-1406.
Ciais P, Reichstein M, Viovy N, et al. 2005. Europe-wide reduction in primary productivity caused by the heat and drought in 2003. Nature, 437(7058): 529-533.
Çolak Y B, Yazar A. 2017. Evaluation of crop water stress index on Royal table grape variety under partial root drying and conventional deficit irrigation regimes in the Mediterranean Region. Scientia Horticulturae, 224: 384-394.
Collino D J, Dardanelli J L, Sereno R, et al. 2001. Physiological responses of argentine peanut varieties to water stress: light interception, radiation use efficiency and partitioning of assimilates. Field Crops Research, 70(3): 177-184.
Conde J R, Tenorio J L, Rodríguez-Maribona B, et al. 1991. Tuber yield of Jerusalem artichoke (*Helianthus tuberosus* L.) in relation to water stress. Biomass and Bioenergy, 1(3): 137-142.
Dai A G. 2013. Increasing drought under global warming in observations and models. Nature Climate Change, 3(1): 52-58.
DeJonge K C, Taghvaeian S, Trout T J, et al. 2015. Comparison of canopy temperature-based water stress indices for maize. Agricultural Water Management, 156: 51-62.
Dold C, Hatfield J L, Prueger J, et al. 2017. Long-term application of the crop water stress index in Midwest Agro-Ecosystems. Agronomy Journal, 109(5): 2172-2181.
Eamus D, Cleverly J, Boulain N, et al. 2013. Carbon and water fluxes in an arid-zone *Acacia savanna* woodland: an analyses of seasonal patterns and responses to rainfall events. Agricultural and Forest Meteorology, 182-183: 225-238.
Flanagan L B, Wever L A, Carlson P J. 2002. Seasonal and interannual variation in carbon dioxide exchange and carbon balance in a northern temperate grassland. Global Change Biology, 8(7): 599-615.
García-Tejero I F, Hernández A, Padilla-Díaz C M, et al. 2017. Assessing plant water status in a hedgerow olive orchard from thermography at plant level. Agricultural Water Management, 188: 50-60.
Ghrab M, Masmoudi M M, Ben Mimoun M, et al. 2013. Plant- and climate-based indicators for irrigation scheduling in mid-season peach cultivar under contrasting watering conditions. Scientia Horticulturae, 158: 59-67.
Hartmann H. 2011. Will a 385 million year-struggle for light become a struggle for water and for carbon? How trees may cope with more frequent climate change type drought events. Global Change Biology, 17(1): 642-655.
Holifield Collins C D, Emmerich W E, Moran M S, et al. 2008. A remote sensing approach for estimating distributed daily net carbon dioxide flux in semiarid grasslands. Water Resources Research, 44(5): 1-18.
Idso S, Jackson R, Pinter P, et al. 1981. Normalizing the stress-degree-day parameter for environmental variability. Agricultural Meteorology, 24: 45-55.
Jackson R D, Idso S B, Reginato R J, et al. 1981. Canopy temperature as a crop water stress indicator. Water Resources Research, 17(4): 1133-1138.
Janket A, Jogloy S, Vorasoot N, et al. 2013. Genetic diversity of water use efficiency in Jerusalem artichoke (*Helianthus tuberosus* L.) germplasm. Australian Journal of Crop Science, 7: 1670-1681.
Li L H, Nielsen D C, Yu Q, et al. 2010. Evaluating the crop water stress index and its correlation with latent heat and $CO_2$ fluxes over winter wheat and maize in the North China plain. Agricultural

Water Management, 97(8): 1146-1155.

Mangus D L, Sharda A, Zhang N Q. 2016. Development and evaluation of thermal infrared imaging system for high spatial and temporal resolution crop water stress monitoring of corn within a greenhouse. Computers and Electronics in Agriculture, 121: 149-159.

McCree K J, Fernandez C J. 1989. Simulation model for studying physiological water stress responses of whole plants. Crop Science, 29(2): 353-360.

Noormets A, Gavazzi M J, McNulty S G, et al. 2010. Response of carbon fluxes to drought in a coastal plain loblolly pine forest. Global Change Biology, 16(1): 272-287.

Noormets A, McNulty S G, DeForest J L, et al. 2008. Drought during canopy development has lasting effect on annual carbon balance in a deciduous temperate forest. New Phytologist, 179(3): 818-828.

Novick K A, Oishi A C, Ward E J, et al. 2015. On the difference in the net ecosystem exchange of $CO_2$ between deciduous and evergreen forests in the southeastern United States. Global Change Biology, 21: 827-842.

Olanrewaju O O, Olufayo A A, Oguntunde P G, et al. 2009. Water use efficiency of *Manihot esculenta* Crantz under drip irrigation system in South Western Nigeria. European Journal of Science Research, 27: 576-587.

Osroosh Y, Peters R T, Campbell C S. 2016. Daylight crop water stress index for continuous monitoring of water status in apple trees. Irrigation Science, 34(3): 209-219.

Parry M A J, Andralojc P J, Khan S, et al. 2002. Rubisco activity: effects of drought stress. Annals of Botany, 89: 833-839.

Pingintha N, Leclerc M Y, Beasley Jr J P, et al. 2010. Hysteresis response of daytime net ecosystem exchange during drought. Biogeosciences, 7(3): 1159-1170.

Powell T L, Gholz H L, Clark K L, et al. 2008. Carbon exchange of a mature, naturally regenerated pine forest in north Florida. Global Change Biology, 14(11): 2523-2538.

Reddy T Y, Reddy V R, Anbumozhi V. 2003. Physiological responses of groundnut (*Arachis hypogea* L.) to drought stress and its amelioration: a critical review. Plant Growth Regulation, 41(1): 75-88.

Reichstein M, Tenhunen J D, Roupsard O, et al. 2002. Severe drought effects on ecosystem $CO_2$ and $H_2O$ fluxes at three Mediterranean evergreen sites: revision of current hypotheses? Global Change Biology, 8(10): 999-1017.

Reicosky D C, Smith R C G, Meyer W S. 1985. Foliage temperature as a means of detecting stress of cotton subjected to a short term water-table gradient. Agricultural and Forest Meteorology, 35(1/2/3/4): 193-203.

Steduto P, Hsiao T C. 1998. Maize canopies under two soil water regimes-III: variation in coupling with the atmosphere and the role of leaf area index. Agricultural and Forest Meteorology, 89(3/4): 201-213.

Stocker T F, Qin D, Plattner G K, et al. 2013. Climate change 2013: the physical science basis. Part of the Working Group I contribution to the fifth assessment report of the Intergovernmental Panel on Climate Change. Cambridge: Cambridge University Press.

Tang J W, Baldocchi D D. 2005. Spatial-temporal variation in soil respiration in an oak-grass savanna ecosystem in California and its partitioning into autotrophic and heterotrophic components. Biogeochemistry, 73(1): 183-207.

Tezara W, Mitchell V J, Driscoll S D, et al. 1999. Water stress inhibits plant photosynthesis by decreasing coupling factor and ATP. Nature, 401(6756): 914-917.

Tong X J, Meng P, Zhang J S, et al. 2012. Ecosystem carbon exchange over a warm-temperate mixed plantation in the lithoid hilly area of the North China. Atmospheric Environment, 49: 257-267.

Tyree M T, Sperry J S. 1989. Vulnerability of xylem to cavitation and embolism. Annual Review of Plant Physiology and Plant Molecular Biology, 40: 19-36.

van der Molen M K, Dolman A J, Ciais P, et al. 2011. Drought and ecosystem carbon cycling. Agricultural and Forest Meteorology, 151(7): 765-773.

Veysi S, Ali Naseri A A, Hamzeh S, et al. 2017. A satellite based crop water stress index for irrigation scheduling in sugarcane fields. Agricultural Water Management, 189: 70-86.

Vickers D, Thomas C K, Pettijohn C, et al. 2012. Five years of carbon fluxes and inherent water-use efficiency at two semi-arid pine forests with different disturbance histories. Tellus B: Chemical and Physical Meteorology, 64(1): 17159.

Wang H J, Sun J Q, Chen H P, et al. 2012. Extreme climate in China: facts, simulation and projection. Meteorologische Zeitschrift, 21(3): 279-304.

Yu G R, Song X, Wang Q F, et al. 2008. Water-use efficiency of forest ecosystems in eastern China and its relations to climatic variables. New Phytologist, 177(4): 927-937.

# 第8章 生态系统光能利用效率

光能利用效率（LUE）是表征光合作用能力的重要指标，是遥感估算总初级生产力（GPP）和净初级生产力（net primary productivity，NPP）的关键参数（Ahl et al.，2004；Zhao and Running，2010；Ogutu et al.，2013；Flanagan et al.，2015）。LUE 与散射辐射和直接辐射的比例有关。研究表明，散射辐射高于直接辐射时，总初级生产力（GPP）和净生态系统碳交换量（NEE）分别下降 10%~40%、60%~80%（Alton et al.，2007；Alton，2008）。散射辐射比例在 0.31~0.84 变动时，散射辐射对 NEE 和 GPP 的促进作用才会显著（Hollinger et al.，1994；Alton et al.，2007；Knohl and Baldocchi，2008；Zhang et al.，2010；Oliveira et al.，2011）。GPP 对散射辐射的响应强度与树冠特征如叶面积指数（LAI）、叶片光学特性有关（Knohl and Baldocchi，2008）。阴天条件下，热带阔叶林、北方森林及温带森林因散射辐射比例的增加，LUE 分别增加了 33%、6%~18% 和 50%~180%（Choudhury，2001；Alton et al.，2007）。森林生态系统的 LUE 与林冠特征（如 LAI）、叶片 N 含量、天气条件等有关（Turner et al.，2003）。在空间尺度上，LUE 与气温（Schwalm et al.，2006）、降水量（Garbulsky et al.，2010）、$CO_2$ 浓度有关（Zhu et al.，2016）。

然而，有关 LUE 的变化特征及其生理生态影响机制研究则较少（Turner et al.，2003；Lagergren et al.，2005）。本章将分析人工林生态系统 LUE 的变化特征，讨论影响 LUE 的生物物理因子，探讨云对 LUE 的影响机制，有助于理解华北山地人工林碳同化的机制过程，为准确评估区域尺度人工林生产力提供理论依据。

## 8.1 生态系统光能利用效率的季节变化

生态系统光能利用效率（LUE）季节变化规律见图 8.1。春季，光合强度低，LUE 比较小。随辐射的增强、温度的升高，植物光合强度增加，LUE 不断增大。2006 年和 2007 年 LUE 最大值出现在 7 月，2008 年和 2009 年出现在 9 月，2010 年最大值出现在 8 月。LUE 最高值出现的时间比 PAR 最大值滞后一个月或一个月以上。在 2006~2010 年，LUE 的最大值分别为是 1.27g C/MJ、1.12g C/MJ、0.92g C/MJ、1.00g C/MJ 和 1.08g C/MJ。LUE 最大值 2006 年最大，这与该年较低的 PAR 有关（图 8.1）。2006 年、2009 年和 2010 年，6 月的 PAR 高于 5 月，于是 6 月的 LUE 低于 5 月的值。

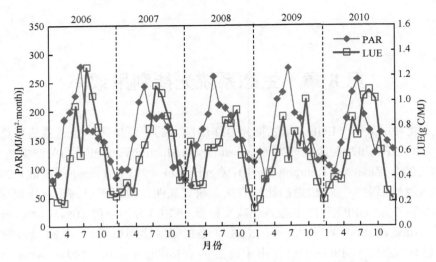

图 8.1　光能利用效率（LUE）和光合有效辐射（PAR）的季节变化

在强光条件下，VPD 比较大，土壤含水量低，造成光合作用下降（图 8.2）。此外，VPD 大时，部分气孔关闭引起光合速率下降，进而导致 LUE 的降低。但 Hilker 等（2008）研究发现，花旗松林 LUE 变化比较小，这可能与温度低于极值、研究时段仅在生长季有关。

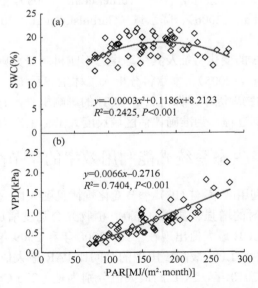

图 8.2　土壤含水量（SWC）、饱和水汽压差（VPD）与光合有效辐射（PAR）的关系

2006~2010 年，年平均 LUE 的变化范围为 0.54~0.62g C/MJ，平均为 0.59g C/MJ，

接近于 Wilkinson 等（2012）在落叶栎林所得的结果（0.52g C/MJ），但低于 Gilmanov 等（2010）在草地和农田所得结果（1.0g C/MJ）。

年平均 LUE 与 GPP 年总量之间具有显著的正相关关系（$P<0.05$），但与 PAR 年总量的关系并不显著（图 8.3），与 Garbulsky 等（2010）对全球森林生态系统的研究结果类似。与本研究结果不同的是，Zhu 等（2016）研究指出，中国陆地生态系统年 LUE 与 PAR 的年总量之间则具有负相关关系；Wilkinson 等（2012）对落叶栎林的研究得出 GPP 年总量与截获太阳辐射具有很强的相关关系。较大的 LAI 可以截获更多太阳辐射，提高 GPP 年总量。

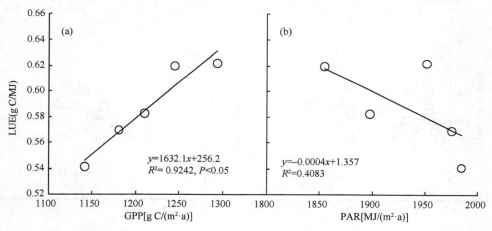

图 8.3　年光能利用效率（LUE）与总初级生产力（GPP）和光合有效辐射（PAR）的关系

## 8.2　影响总初级生产力的因子

温度和降水是影响总初级生产力（GPP）的主要气候因子（Luyssaert et al.，2007；Zhu et al.，2016）。本研究中，气温、降水量、降水量/蒸散量（$P$/ET）及蒸发比（evaporative fraction，EF）对生长季月 GPP 的影响如图 8.4 所示。月 GPP 与月平均气温之间具有显著的正相关关系，但两者之间的相关系数较低，为 29%（图 8.4a），年 GPP 与年平均气温关系不显著。对于林龄大于 90 年的成熟短叶松林，GPP 受气温的影响比较小（Chasmer et al.，2008）。与本研究结果不同的是，一些研究发现森林生态系统年 GPP 随平均温度的升高线性增加（Wang et al.，2008；Allard et al.，2008；Garbulsky et al.，2010）。EF 是表示土壤和植被水分状况的指标，可用于描述水分对光合作用的影响。与 $P$/ET 相比，EF 对 GPP 的影响最显著，GPP 变化的 40%可以由 EF 来解释（图 8.4d）。

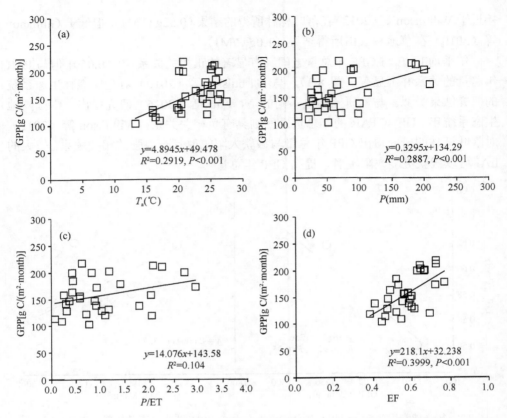

图 8.4 生长季总初级生产力（GPP）与气温（$T_a$）、降水量（$P$）、降水量/蒸散量比（$P$/ET）及蒸发比（EF）的关系

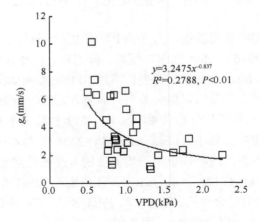

图 8.5 生长季冠层导度（$g_c$）与饱和水汽压差（VPD）的关系

VPD 是影响冠层导度（$g_c$）最重要的环境因素，进而影响 GPP。VPD 高时，引起部分气孔关闭，导致 $g_c$ 下降（Jones, 1992），进而影响植被的光合作用（Greco and Baldocchi, 1996；Baldocchi, 1997）。此外，水分亏缺时，光合产物输出下降，有效叶面积的增长受到抑制，光合速率降低。本研究表明：$g_c$ 与 VPD 之间呈显著负相关关系（图 8.5），造成光合强度下降。这与在花旗松林（Humphreys et al., 2003）、北方混交林（Pejam et al., 2006）和苏格兰松林（Zha et al., 2013）所得的结果类似。

## 8.3 生态系统光能利用效率的影响要素

温度对生态系统光能利用效率（LUE）具有显著的影响（Schwalm et al., 2006；Garbulsky et al., 2010；Zhu et al., 2016）。然而，本研究发现，生长季人工林 LUE 与气温的关系不明显，这可能是生长季气温变化范围小造成的（13~26℃）（图 8.6）。Squire 等（1984）研究发现，温度由 20℃升高到 30℃时，粟的 LUE 几乎没有变化。这表明温度是通过调节冠层的形成速率和持续时间而不是通过调控 LUE 来影响干物质形成的。

生长季，LUE 随 VPD 的增大而下降（$P<0.01$）（图 8.6a）。这主要是 VPD 大时，$g_c$ 较小（图 8.5），冠层光合能力较低，造成 LUE 下降。本研究所得结果与 Chasmer 等（2008）在成熟的短叶松林、Garbulsky 等（2010）在地中海常绿林、亚热带林和热带雨林所得的结果类似。然而，有研究发现，温带落叶林、常绿林的 LUE 与 VPD 具有正相关关系，可能与这两种森林的 VPD 比较低（<1kPa）有关（Garbulsky et al., 2010）。

降水量是影响森林年平均 LUE 变化的主要因子（Garbulsky et al., 2010）。本研究表明：在月尺度上，降水量是控制 LUE 变化的主要因子之一（图 8.6b）。当 $P$/ET 值较高和较低时，LUE 均较小；当 $P$/ET 值为 2 时，LUE 最大。与降水量和 VPD 相比，$P$/ET 对 LUE 的影响较大，其可以解释 LUE 变化的 45.8%（图 8.6c）。EF 作为生态系统尺度上的综合湿度指标，其可以解释人工林生长季 LUE 变化的 59%（图 8.6d）。本研究所得出的 LUE 和 EF 之间的关系与 Garbulsky 等（2010）在森林、Wang 和 Zhou（2012）在温带草原，以及 Horn 和 Schulz（2011）在 44 个森林和草原通量观测点所得的结果类似。与其他可利用水分变量相比，EF 更容易由遥感或野外观测获得（Garbulsky et al., 2010；Horn and Schulz, 2011）。因此，EF 可应用于生产效率模型（production efficiency model，PEM）中（Wang and Zhou, 2012）。

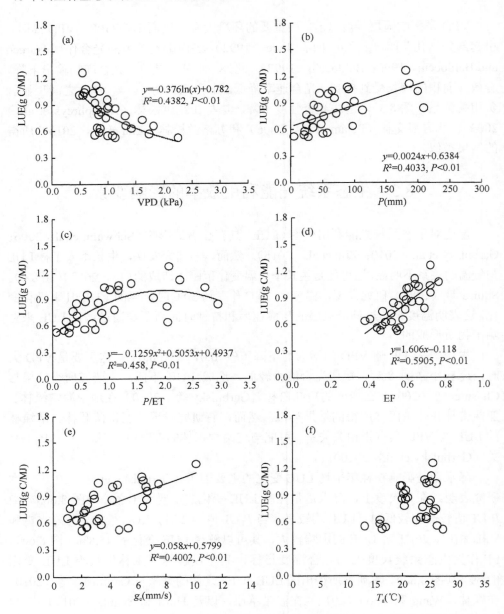

图 8.6　生长季光能利用效率（LUE）与饱和水汽压差（VPD）、降水量（$P$）、降水量/蒸散量比（$P$/ET）、蒸发比（EF）、冠层导度（$g_c$）及气温（$T_a$）的关系

LUE 与冠层导度（$g_c$）具有显著的正相关关系（$P<0.01$）（图 8.6e）。原因主要是 $g_c$ 较大时，冠层光合作用较强，植被碳吸收能力较高（Arain and Restrepo-Coupe，2005），造成 LUE 的增加。

## 8.4 晴空指数对生态系统光能利用效率的影响

生态系统所接收的散射辐射与云密切相关（申彦波等，2008）。通常用晴空指数（clearness index，CI）来表征云的厚薄（范玉枝等，2009）。晴空指数（CI）是云量多少的重要标志，反映了太阳辐射穿越大气时受到的影响。当 CI 接近于 0 时，表示太阳辐射弱，云层完全覆盖；当 CI 接近于 1 时，表示太阳辐射较强，晴朗无云（张弥等，2009）。

图 8.7 为生长季太阳高度角在 45°～50°时 LUE 与 CI 的关系。LUE 随 CI 的增加呈指数下降（图 8.7），与 Turn 等（2003）对针叶/落叶林混交林、Zhang 等（2011）对温带森林、Wang 等（2015）对中国东部森林研究所得结论一致。与晴天天气条件相比，阴天条件下人工林 LUE 比较大。太阳辐射是由直接辐射和散射辐射组成。晴天以直接辐射为主，在高光强下树冠上层叶片光合作用容易达到饱和。冠层下部遮阴，叶片主要利用散射辐射进行光合作用。当天气转阴时，阳叶仍具有较强的光合能力。阴叶以接收散射辐射为主，散射辐射的少量增加就可造成冠层光合的净增加。此外，辐射降低会造成叶内和叶表面温度下降。当气温超过光合最适温度时，温度下降会使叶片光合作用增加（Baldocchi and Harley，1995；Steiner and Chameides，2005），叶片、茎或土壤呼吸也随之下降。这种间接的热影响有时比辐射的直接影响还要大（Steiner and Chameides，2005）。多云天气条件下，大气中散射辐射比例增加，这可使更多的光线穿过冠层上部到达冠层下部（Urban et al.，2007），叶片间光的分布更加均衡，提高了下层遮阴叶片的光合能力（Urban et

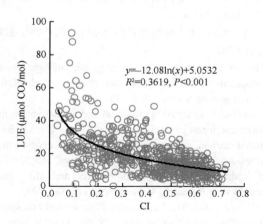

图 8.7 生长季光能利用效率（LUE）与晴空指数（CI）的关系

al.，2012）。此外，多云天气下 VPD 比较低（Freedman et al.，2001；Urban et al.，2007），气孔导度较大，促进了生态系统净碳吸收（Baldocchi，1997；Gu et al.，2002；Alton et al.，2007；Urban et al.，2007；Mercado et al.，2009；Cheng et al.，2015）。因此，生态系统 LUE 在多云天气条件下高于晴天天气条件下（Zhang et al.，2011；Urban et al.，2012）。然而，Alton 和 North（2005）的研究表明：散射辐射比例为 75% 时，西伯利亚松林 LUE 在多云时比晴天仅高了 10%～20%，碳同化并不高。原因在于：当云量较高时，总辐射下降造成地表温度降低，光合作用减小，进而引起 LUE 的下降。

## 8.5 小　　结

2006～2010 年，5 年平均 LUE 为 0.59g C/MJ。在年尺度上，LUE 与 GPP 具有显著的正相关关系，但与 PAR 的关系不显著。LUE 具有明显的季节变化特征且在旺盛生长季达到最大值。生长季，LUE 与 VPD、降水量、蒸发比（EF）、降水量/蒸散量（$P$/ET）和 $g_c$ 之间具有显著的相关关系。与晴天天气条件下相比，LUE 在阴天天气条件下较高。与其他生物环境因子相比，蒸发比更适用于估算 LUE。

## 参 考 文 献

范玉枝, 张宪洲, 石培礼. 2009. 散射辐射对西藏高原高寒草甸净生态系统 $CO_2$ 交换的影响. 地理研究, 28(6): 1673-1681.
申彦波, 赵宗慈, 石广玉. 2008. 地面太阳辐射的变化、影响因子及其可能的气候效应最新研究进展. 地球科学进展, 23(9): 915-923.
张弥, 于贵瑞, 张雷明, 等. 2009. 太阳辐射对长白山阔叶红松林净生态系统碳交换的影响. 植物生态学报, 33(2): 270-282.
Ahl D E, Gower S T, Mackay D S, et al. 2004. Heterogeneity of light use efficiency in a northern Wisconsin forest: implications for modeling net primary production with remote sensing. Remote Sensing of Environment, 93(1/2): 168-178.
Allard V, Ourcival J M, Rambal S, et al. 2008. Seasonal and annual variation of carbon exchange in an evergreen Mediterranean forest in southern France. Global Change Biology, 14(4): 714-725.
Alton P B. 2008. Reduced carbon sequestration in terrestrial ecosystems under overcast skies compared to clear skies. Agricultural and Forest Meteorology, 148(10): 1641-1653.
Alton P B, North P. 2005. Radiative transfer modeling of direct and diffuse sunlight in a Siberian pine forest. Journal of Geophysical Research-Atmospheres, 110: D23209.
Alton P B, North P R, Los S O. 2007. The impact of diffuse sunlight on canopy light-use efficiency, gross photosynthetic product and net ecosystem exchange in three forest biomes. Global Change Biology, 13(4): 776-787.

Arain M A, Restrepo-Coupe N. 2005. Net ecosystem production in a temperate pine plantation in southeastern Canada. Agricultural and Forest Meteorology, 128(3/4): 223-241.

Baldocchi D D. 1997. Measuring and modelling carbon dioxide and water vapour exchange over a temperate broad-leaved forest during the 1995 summer drought. Plant Cell and Environment, 20: 1108-1122.

Baldocchi D D, Harley P C. 1995. Scaling carbon-dioxide and water-vapour exchange from leaf to canopy in a deciduous forest. 2. Model testing and application. Plant Cell and Environment, 18: 1157-1173.

Chasmer L, Mccaughey H, Barr A, et al. 2008. Investigating light-use efficiency across a jack pine chronosequence during dry and wet years. Tree Physiology, 28(9): 1395-1406.

Cheng S J, Bohrer G, Steiner A L, et al. 2015. Variations in the influence of diffuse light on gross primary productivity in temperate ecosystems. Agricultural and Forest Meteorology, 201: 98-110.

Choudhury B. 2001. Estimating gross photosynthesis using satellite and ancillary data: approach and preliminary results. Remote Sensing of Environment, 75(1): 1-21.

Flanagan L B, Sharp E J, Gamon J A. 2015. Application of the photosynthetic light-use efficiency model in a northern Great Plains grassland. Remote Sensing of Environment, 168: 239-251.

Freedman J M, Fitzjarrald D R, Moore K E, et al. 2001. Boundary layer clouds and vegetation-atmosphere feedbacks. Journal of Climate, 14(2): 180-197.

Garbulsky M F, Peñuelas J, Papale D, et al. 2010. Patterns and controls of the variability of radiation use efficiency and primary productivity across terrestrial ecosystems. Global Ecology and Biogeography, 19(2): 253-267.

Gilmanov T G, Aires L, Barcza Z, et al. 2010. Productivity, respiration, and light-response parameters of world grassland and agroecosystems derived from flux-tower measurements. Rangeland Ecology and Management, 63(1): 16-39.

Greco S, Baldocchi D D. 1996. Seasonal variations of $CO_2$ and water vapour exchange rates over a temperate deciduous forest. Global Change Biology, 2(3): 183-197.

Gu L H, Baldocchi D, Verma S B, et al. 2002. Advantages of diffuse radiation for terrestrial ecosystem productivity. Journal of Geophysical Research-Atmospheres, 107(D6): 4050.

Hilker T, Coops N C, Schwalm C R, et al. 2008. Effects of mutual shading of tree crowns on prediction of photosynthetic light-use efficiency in a coastal Douglas-fir forest. Tree Physiology, 28(6): 825-834.

Hollinger D Y, Kelliher F M, Byers J N, et al. 1994. Carbon dioxide exchange between an undisturbed old-growth temperate forest and the atmosphere. Ecology, 75(1): 134-150.

Horn J E, Schulz K. 2011. Identification of a general light use efficiency model for gross primary production. Biogeosciences, 8(4): 999-1021.

Humphreys E R, Black T A, Ethier G J, et al. 2003. Annual and seasonal variability of sensible and latent heat fluxes above a coastal Douglas-fir forest, British Columbia, Canada. Agricultural and Forest Meteorology, 115(1/2): 109-125.

Jones H G. 1992. Plants and Microclimate: A Quantitative Approach to Environmental Plant Physiology. Cambridge: Cambridge University Press: 428.

Knohl A, Baldocchi D D. 2008. Effects of diffuse radiation on canopy gas exchange processes in a forest ecosystem. Journal of Geophysical Research-Biogeosciences, 113: G02023.

Lagergren F, Eklundh L, Grelle A, et al. 2005. Net primary production and light use efficiency in a mixed coniferous forest in Sweden. Plant Cell and Environment, 28(3): 412-423.

Luyssaert S, Inglima I, Jung M, et al. 2007. $CO_2$ balance of boreal, temperate, and tropical forests derived from a global database. Global Change Biology, 13(12): 2509-2537.

Mercado L M, Bellouin N, Sitch S, et al. 2009. Impact of changes in diffuse radiation on the global land carbon sink. Nature, 458(7241): 1014-1017.

Ogutu B O, Dash J, Dawson T P. 2013. Developing a diagnostic model for estimating terrestrial vegetation gross primary productivity using the photosynthetic quantum yield and Earth Observation data. Global Change Biology, 19(9): 2878-2892.

Oliveira P J C, Davin E L, Levis S, et al. 2011. Vegetation-mediated impacts of trends in global radiation on land hydrology: a global sensitivity study. Global Change Biology, 17(11): 3453-3467.

Pejam M R, Arain M A, McCaughey J H. 2006. Energy and water vapour exchanges over a mixedwood boreal forest in Ontario, Canada. Hydrological Processes, 20(17): 3709-3724.

Schwalm C R, Black T A, Amiro B D, et al. 2006. Photosynthetic light use efficiency of three biomes across an east-west continental-scale transect in Canada. Agricultural and Forest Meteorology, 140(1-4): 269-286.

Squire G R, Marshall B, Terry A C. 1984. Response to temperature in a stand of pearl millet. Journal of Experimental Botany, 35(4): 599-610.

Steiner A L, Chameides W L. 2005. Aerosol-induced thermal effects increase modelled terrestrial photosynthesis and transpiration. Tellus B: Chemical and Physical Meteorology, 57: 404-411.

Turner D P, Urbanski S, Bremer D, et al. 2003. A cross-biome comparison of daily light use efficiency for gross primary production. Global Change Biology, 9(3): 383-395.

Urban O, Janouš D, Acosta M, et al. 2007. Ecophysiological controls over the net ecosystem exchange of mountain spruce stand. Comparison of the response in direct vs. diffuse solar radiation. Global Change Biology, 13(1): 157-168.

Urban O, Klem K, Ač A, et al. 2012. Impact of clear and cloudy sky conditions on the vertical distribution of photosynthetic $CO_2$ uptake within a spruce canopy. Functional Ecology, 26(1): 46-55.

Wang S Q, Huang K, Yan H, et al. 2015. Improving the light use efficiency model for simulating terrestrial vegetation gross primary production by the inclusion of diffuse radiation across ecosystems in China. Ecological Complexity, 23: 1-13.

Wang X C, Wang C K, Yu G R. 2008. Spatio-temporal patterns of forest carbon dioxide exchange based on global eddy covariance measurements. Science in China Series D: Earth Sciences, 51(8): 1129-1143.

Wang Y, Zhou G S. 2012. Light use efficiency over two temperate steppes in Inner Mongolia, China. PLoS One, 7(8): e43614.

Wilkinson M, Eaton E L, Broadmeadow M S J, et al. 2012. Inter-annual variation of carbon uptake by a plantation oak woodland in south-eastern England. Biogeosciences, 9(12): 5373-5389.

Zha T S, Li C Y, Kellomäki S, et al. 2013. Controls of evapotranspiration and $CO_2$ fluxes from Scots pine by surface conductance and abiotic factors. PLoS One, 8(7): e69027.

Zhang M, Yu G R, Zhang L M, et al. 2010. Impact of cloudiness on net ecosystem exchange of carbon dioxide in different types of forest ecosystems in China. Biogeosciences, 7(2): 711-722.

Zhang M, Yu G R, Zhuang J, et al. 2011. Effects of cloudiness change on net ecosystem exchange, light use efficiency and water use efficiency in typical ecosystems of China. Agricultural and Forest Meteorology, 151(7): 803-816.

Zhao M S, Running S W. 2010. Drought-induced reduction in global terrestrial net primary production from 2000 through 2009. Science, 329(5994): 940-943.

Zhu X J, Yu G R, Wang Q F, et al. 2016. Approaches of climate factors affecting the spatial variation of annual gross primary productivity among terrestrial ecosystems in China. Ecological Indicators, 62: 174-181.

# 第9章 生态系统 $CH_4$ 通量变化特征

$CH_4$ 是仅次于水汽和 $CO_2$ 的第三大温室气体,在全球尺度存在大约 10Tg/a 的"丢失源"(Megonigal and Guenther,2008)。准确测算森林生态系统 $CH_4$ 通量,了解源汇转换格局,是评估与预测全球 $CH_4$ 收支状况的重要工作基础,但 $CH_4$ 收支评估依然存在较大不确定性,因此观测研究不同陆地生态系统 $CH_4$ 通量变化特征越来越重要。

Smeets 等(2009)观测了地中海气候区黄松林冠层-大气界面 $CH_4$ 通量,基于 6 天的观测数据表明:黄松林生态系统为 $CH_4$ 汇。Miyama 等(2010)采用空气动力学方法研究得出:暖温带枹栎-冬青混交林林冠层高度处 $CH_4$ 浓度略高;林地地表吸收 $CH_4$,但未观测到生态系 $CH_4$ 通量变化。Simpson 等(1999)、Mikkelsen 等(2011)和 Nakai 等(2020)研究认为:森林生态系统 $CH_4$ 空间源和汇存在异质性,在冠层尺度,森林是 $CH_4$ 源。Ueyama 等(2013)观测认为:日本落叶松在年尺度为 $CH_4$ 汇。Sundqvist 等(2015)在瑞典中部的松树和云杉混交林中研究发现:$CH_4$ 通量在夜间或清晨较大,下午较小,白天是 $CH_4$ 汇。高升华等(2016)分析了不同时间尺度 $CH_4$ 通量变化特征,研究发现长江滩地的杨树人工林在生长旺季表现为 $CH_4$ 汇,非生长季林地为 $CH_4$ 源。因气候及森林类型多样,下垫面情况复杂,这些相关研究的代表性仍然不足。相对 $CO_2$ 通量研究,森林生态系统 $CH_4$ 通量研究案例相对较少,且公开发表文献所采用数据观测时间都比较短,不能满足准确评估与预测全球森林 $CH_4$ 收支状况的需求,源汇转换格局及在 $CH_4$ 循环中的作用尚未得到很好的理解。

本章采用 2017~2019 年的观测数据,研究生态系统 $CH_4$ 通量源区变化及不同时间尺度下 $CH_4$ 通量变化规律,为准确估算 $CH_4$ 通量提供科学依据。

## 9.1 生态系统 $CH_4$ 通量源区的变化特征

通量源区的分布受环境因素影响较大,比如大气稳定状态、风速和风向、大气温度及下垫面粗糙度和零平面位移等(Schmid,1994;Leclerc and Thurtell,1990;Kljun et al.,2002)。大气稳定度对通量源区分布的面积有直接影响。影响大气稳定度的因素有风速、大气温度和下垫面的性质。因此,根据大气稳定度 $Z_m/L$ [$Z_m$ 为仪器观测高度,$L$ 为奥布霍夫长度(Obukhov length)]将大气划分为稳定状态

($Z_m/L>0$) 和不稳定状态 ($Z_m<0$)。本研究以 2017~2019 年涡度相关法通量数据进行分析，用 Footprint 模型，以 90%通量贡献区为测算对象，绘制源区等值线图，并以网格面积法计算面积，分析所测 $CH_4$ 通量足迹和源区的变化。

基于 2017~2019 年的风向和风速数据得出，观测区主风向为 90°的东风及 225°~270°的西南偏西风（图 9.1），这与往年观测到的数据统计该地区盛行风向为东北偏东、西南偏西的结果基本一致（郑宁，2010）。2017~2019 年最大风速分别为 10.8m/s、12.3m/s 和 10.6m/s，平均风速分别为 3.2m/s、3.2m/s 和 3.1m/s。

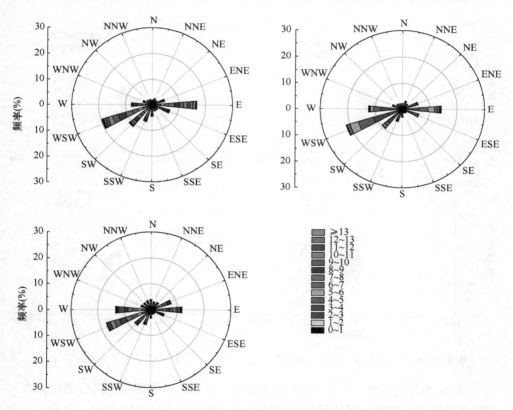

图 9.1　2017~2019 年风向玫瑰图（彩图请扫封底二维码）

在同样划分大气稳定度的前提下，以 2017 年数据为例，利用 Footprint 模型分析不同风向通量源区的分布。图 9.2 为 2017 年生长季（8 月）和非生长季（12 月）在不同稳定条件下的源区分布。以 80%源区为对象，从各风向条件下源区分布可以看出，西南风向，稳定状态下，源区东西距离约为 1200m，南北距离约为 2700m，面积约为 1.98km$^2$；不稳定状态下，源区东西距离约为 300m，南北距离约为 700m，面积约为 0.14km$^2$。东南风向，稳定状态下，源区东西距离约为 1500m，南北距离约为3000m,面积约为2.07km²;不稳定状态下,源区东西距离约为260m,南北距离约为700m,面积约为0.11km²。无论是在生长季还是在非生长季,不稳定状态下的源区面积均小于稳定状态。这是由于大气处于不稳定时冠层与大气间的物质交换剧烈,传感器捕捉到的通量信息主要来源于迎风方向上靠近传感器的地方。同时受下垫面的影响较大,非生长季叶面积指数小于生长季测得的通量信息来源于迎风方向距离传感器较远的下垫面区域,因此,生长季通量源区面积小于非生长季。

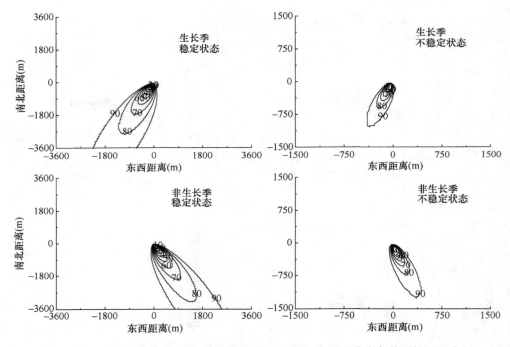

图9.2 2017年生长季(8月)和非生长季(12月)在不同稳定条件下的源区分布

以3h为时间间隔,分析2017年典型晴天8月8日的通量源区日变化分布,发现其具有非均匀性,其通量源区的日变化特征较为明显(图9.3)。由图9.3可以分别测算出,3:00通量源区东西距离约为3000m,南北距离约为600m,面积约为1.26km²;9:00通量源区东西距离约为2520m,南北距离约为720m,面积约为1.04km²;15:00通量源区东西距离约为600m,南北距离约为150m,面积约为0.06km²;21:00通量源区东西距离约为1300m,南北距离约为900m,面积约为0.28km²。当天基本符合通量源区的分布规律,均为迎风向上的源区分布。综上所述,涡度相关观测系统测定迎风向上的通量源区,其观测的通量数据能很好地代表研究区域的通量。

第 9 章　生态系统 CH₄ 通量变化特征 | 107

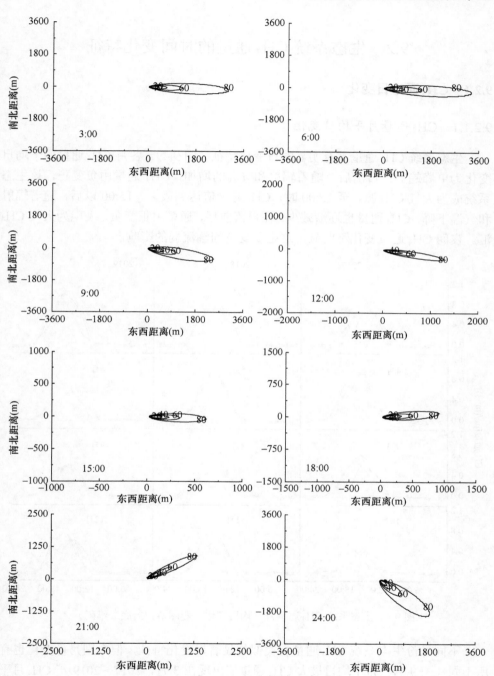

图 9.3　2017 年典型晴天 8 月 8 日的通量源区日变化

## 9.2 生态系统 $CH_4$ 通量的时间变化特征

### 9.2.1 $CH_4$ 通量日变化

#### 9.2.1.1 $CH_4$ 通量月平均日变化

生态系统 $CH_4$ 通量具有明显的日变化特征（图 9.4）。各月 $CH_4$ 通量的平均日变化为单峰趋势：日出后，随着辐射和气温的增加，$CH_4$ 通量由负变正，该生态系统成为大气 $CH_4$ 源。至 15:00 时，$CH_4$ 通量值达到最大。15:00 以后，随着辐射和气温下降，$CH_4$ 通量也逐渐减少。在日落前后，通量由正变负，表现为大气 $CH_4$ 汇。夜间 $CH_4$ 通量变化不明显，这主要受夜间湍流弱的影响。

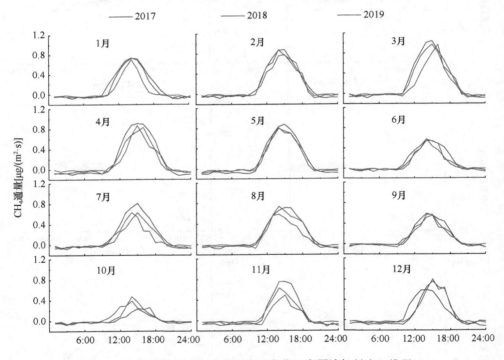

图 9.4 生态系统 $CH_4$ 通量月平均日变化（彩图请扫封底二维码）

不同月份生态系统 $CH_4$ 通量有类似的显著日变化特征，但个别月份变化也有所不同（图 9.4）。月平均日最大 $CH_4$ 通量值出现在 3 月，2017~2019 年 $CH_4$ 月平均日通量最大值分别 $1.11\mu g/(m^2 \cdot s)$、$0.97\mu g/(m^2 \cdot s)$、$0.99\mu g/(m^2 \cdot s)$；最小值均出现在 10 月，2017~2019 年 $CH_4$ 月平均日通量最小值分别为 $0.26\mu g/(m^2 \cdot s)$、$0.42\mu g/(m^2 \cdot s)$、

$0.48\mu g/(m^2 \cdot s)$。月平均 $CH_4$ 日较差 3 月最大。每日 $CH_4$ 通量由负值转为正值的起始时间以 7 月最早（约为 8:30），11 月最晚（约为 10:00）。每日 $CH_4$ 通量由正值转为负值的起始时间 7~8 月最晚（约为 19:30），9 月后逐渐提前，至 12 月提前到 18:00。而每日 $CH_4$ 通量为正值的持续时间在 7 月最长（11h），10 月最短（8h）（图 9.4）。本研究区辐射和气温在每年 6 月均表现为全年最高或接近最高的，但生态系统 $CH_4$ 通量无论日最大值还是日均值都小于相邻其他月份，究其原因主要是 6 月温度高、降水量较少。

在研究期内，分析生长季和非生长季生态系统 $CH_4$ 通量的平均日变化特征，结果表明：生长季和非生长季均表现白天为正值，夜间波动不明显（图 9.5）。生长季 $CH_4$ 通量值上午快速增加，下午则下降缓慢，而在非生长季正好相反（图 9.5），这与该生态系统 $CO_2$ 通量的研究结果类似（Tong et al., 2012）。其原因主要是春夏季下午气温较高，VPD 较大。

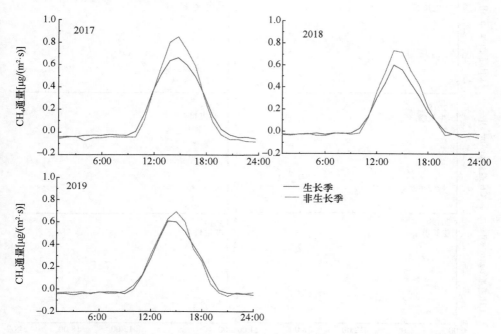

图 9.5　生长季和非生长季生态系统 $CH_4$ 通量平均日变化（彩图请扫封底二维码）

生长季 $CH_4$ 通量日平均最大值均低于非生长季（图 9.5），主要因为生长季降水较多。从生长季进入非生长季（11 月至次年 3 月）后，随着辐射和气温均逐渐降低，除侧柏等针叶树种外，大部分树叶枯黄凋落，而此时森林土壤 $CH_4$ 也表现为源（庄静静，2016）。因此，生长季 $CH_4$ 通量低于非生长季。

### 9.2.1.2 不同时期典型晴天与雨天的 $CH_4$ 通量日变化

选择生长季和非生长季典型晴天（2017年4月27日、12月6日，2018年2月22日、9月7日，2019年5月22日、11月14日）和雨天（2017年5月22日、11月28日，2018年2月18日、8月20日，2019年6月5日、11月12日），分析生态系统 $CH_4$ 通量的日变化特征，结果表明：在整个观测期内的晴天和雨天 $CH_4$ 通量日变化特征均呈单峰趋势，白天 $CH_4$ 通量为正值，且晴天具有明显日变化，雨天日变化比较复杂（图9.6）。晴天，日出后随着太阳辐射的增强，气温的升高，$CH_4$ 通量值也开始逐渐增大，到 13:30 左右达到最大值；夜间大气层比较稳定，空气湍流运动弱，$CH_4$ 通量值无明显变化。

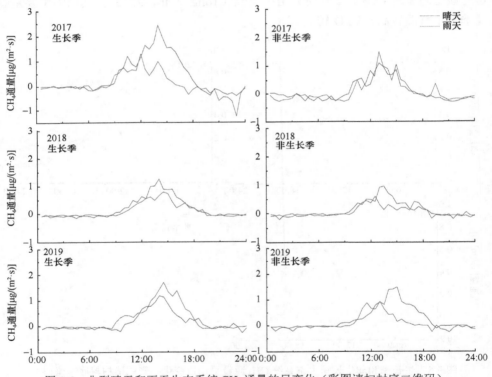

图9.6 典型晴天和雨天生态系统 $CH_4$ 通量的日变化（彩图请扫封底二维码）

生长季，$CH_4$ 通量在白天为正值，夜间变化不明显。2017年、2018年和2019年典型晴天 $CH_4$ 通量日均值分别为 $0.38\mu g/(m^2 \cdot s)$、$0.12\mu g/(m^2 \cdot s)$ 和 $0.16\mu g/(m^2 \cdot s)$，雨天 $CH_4$ 通量日均值分别为 $0.06\mu g/(m^2 \cdot s)$、$0.05\mu g/(m^2 \cdot s)$ 和 $0.27\mu g/(m^2 \cdot s)$。非生长季，2017年、2018年和2019年典型晴天 $CH_4$ 通量日均值分别为 $0.07\mu g/(m^2 \cdot s)$、$0.19\mu g/(m^2 \cdot s)$ 和 $0.25\mu g/(m^2 \cdot s)$，雨天分别为 $0.08\mu g/(m^2 \cdot s)$、$0.10\mu g/(m^2 \cdot s)$ 和

$0.08\mu g/(m^2 \cdot s)$。研究结果表明：晴天 $CH_4$ 通量值均大于雨天，最大值出现在午后，而雨天 $CH_4$ 通量最大值出现在午前。

典型晴天的变化趋势大致相同，而雨天的日变化特征由于降雨强度、降水量不同存在一定的差异。生长季，由于降雨较多，植物叶面积较大，晴天条件下 $CH_4$ 通量稍高于雨天天气条件下的值。非生长季，降水持续时间和降水量明显减少，雨天与晴天 $CH_4$ 通量差异不明显。总体来说，白天 $CH_4$ 通量均为正值，是 $CH_4$ 源，夜间 $CH_4$ 通量均为负值，是 $CH_4$ 汇。

### 9.2.1.3 连续降雨期间 $CH_4$ 通量的日变化

在 2017 年、2018 年和 2019 年分别选取连续降雨前、降雨期、降雨后的 $CH_4$ 通量数据，分析不同时段 $CH_4$ 通量日变化特征，结果如图 9.7 所示。

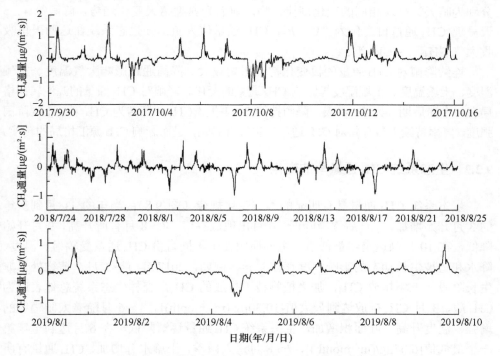

图 9.7 连续降雨期间生态系统 $CH_4$ 通量的日变化

2017 年 9 月 30 日至 10 月 16 日，降雨前与降雨后（9 月 30 日和 10 月 16 日）均为晴天，其日变化特征与典型晴天一致，白天为 $CH_4$ 源，夜间为 $CH_4$ 汇。连续降水 15 天内，降雨第 1 天、第 2 天 $CH_4$ 通量变化特征与晴天一致，第 3 天和第 4 天，均呈"U"形，均为负值，吸收 $CH_4$，为 $CH_4$ 汇。第 5、6、7 天 $CH_4$ 日变化特征与晴天一致，白天为正值，生态系统排放 $CH_4$，为 $CH_4$ 源。第 8 天，$CH_4$ 变化特征呈

"U"形，白天为负值，吸收 $CH_4$，为 $CH_4$ 汇，夜间变化不明显。10月9~11日，$CH_4$ 通量值无明显变化特征。在降水第12天出现与晴天一致的变化趋势。10月13~15日，$CH_4$ 通量变化波动小，但是可以看出有一定的日变化特征，且与晴天一致。

2018年7月24日至8月25日（7月25日至8月24日连续降雨31天，7月24日和8月25日为晴天），降雨前后均为晴天，其变化特征与典型晴天一致，白天、夜间源汇交替出现。在连续降雨的31天内，分别在降雨的第3天、第4天、第7天、第8天、第13天、第14天、第18天、第19天、第24天、第25天和第29天 $CH_4$ 通量的日变化与晴天相反，呈"U"形，$CH_4$ 通量值为负值，表现为生态系统吸收大气 $CH_4$，为 $CH_4$ 汇。其他天的日变化趋势与晴天一致，白天 $CH_4$ 通量值为正，表现为排放 $CH_4$，为 $CH_4$ 源，夜间为负值，吸收大气 $CH_4$，为 $CH_4$ 汇。

2019年8月1日至8月10日（8月2~9日连续降雨8天，8月1日和10日分别为晴天）呈现相同的变化规律，降雨前后为典型晴天变化趋势，降雨第4、5天呈现 $CH_4$ 通量日变化为"U"形，$CH_4$ 通量值为负，该生态系统在这两天里吸收大气 $CH_4$，为 $CH_4$ 汇。

连续降雨对 $CH_4$ 通量的日变化特征影响较大。降雨通过影响大气温度、空气湿度、土壤温度、土壤湿度等影响 $CH_4$ 通量的变化。降雨对 $CH_4$ 通量的源汇转换格局有一个滞后期，为3~4天，降雨持续3~4天，$CH_4$ 由源转为 $CH_4$ 汇。不同降雨强度、降雨持续天数都将对 $CH_4$ 通量产生综合影响，进而影响 $CH_4$ 源汇格局的转换。

### 9.2.2 生态系统 $CH_4$ 通量季节变化

生态系统 $CH_4$ 通量具有明显的季节变化规律（图9.8）：当年的11月到次年的3月开始增加，3月后逐渐降低，6月出现低谷值，7~8月有所升高，9月开始降低，在10月到达全年最低值，主要原因在于不同月份 $CH_4$ 通量受辐射、温度、降水和植被生长动态的影响程度存在差异。例如，2017年1~3月，植物处于非生长阶段，土壤排放 $CH_4$，加之植物枝干排放的 $CH_4$，森林生态系统总体表现为 $CH_4$ 源，3月 $CH_4$ 排放达到最大值[$10.30\mu g/(m^2 \cdot month)$]。4~6月随着太阳辐射的增强，温度升高，叶面积增加，生态系统 $CH_4$ 通量逐渐降低，在6月达到全年第一个最低值[$6.07\mu g/(m^2 \cdot month)$]，7~8月进入雨季，土壤水分增加，$CH_4$ 通量有所增加，7月达到最大值[$8.05\mu g/(m^2 \cdot month)$]，随后 $CH_4$ 通量随降水强度、降水频率的增加呈下降趋势，在10月达到全年最低值[$0.73\mu g/(m^2 \cdot month)$]。

2017年、2018年和2019年 $CH_4$ 通量排放的范围分别为 $0.73$~$10.30\mu g/(m^2 \cdot month)$、$3.02$~$9.90\mu g/(m^2 \cdot month)$ 和 $2.59$~$8.04\mu g/(m^2 \cdot month)$，年 $CH_4$ 排放量为 $3.31g\ C/(m^2 \cdot a)$、$2.81g\ C/(m^2 \cdot a)$ 和 $2.94g\ C/(m^2 \cdot a)$，年平均为 $3.02g\ C/(m^2 \cdot a)$。2018年 $CH_4$ 通量年排放量最小，主要与该年降水量大有关（647.8mm）。

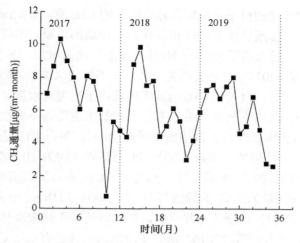

图 9.8 生态系统 CH$_4$ 通量的季节变化

## 9.3 讨 论

基于微气象理论，在地势平坦、冠层均一且广阔的下垫面设置通量观测点，观测到的 CH$_4$ 通量数据可以反映生态系统平均的真实通量，然而绝大部分通量观测点的下垫面并非理想条件，需要分析复杂下垫面通量观测的空间代表性问题。因此，定量评价通量源区面积是正确理解涡度相关法实测数据所代表意义的基础。深入了解通量观测塔的空间代表性，准确评估通量足迹的时空分布特征，有助于更透彻地了解生态系统中 CH$_4$ 通量的来源。

通量源区受大气状态、风速和风向、大气温度、粗糙度和零平面位移等因素影响。大气稳定度直接影响通量源区分布特征。本章分析了 2017～2019 年风向和风速数据，观测地区主风向为东风及西南偏西风，无论是在生长季还是在非生长季，不稳定状态下的源区面积均小于稳定状态。这是由于不稳定条件下地-气间湍流运动剧烈，物质垂直交换较快，测得来源于迎风方向较近的地方的通量信息同时受下垫面的影响较大，非生长季叶面积指数小于生长季测得的通量信息来源于迎风方向较远的地方，非生长季源区面积大于生长季，这与农田、荒漠、草地等其他生态系统研究结果一致（周琪等，2014；冯俊婷等，2017；周梅等，2018）。

生态系统 CH$_4$ 通量有明显的日变化规律。观测期间内各月 CH$_4$ 通量的月平均日变化为单峰趋势：日出后，随着辐射和气温的增加，生态系统 CH$_4$ 通量由负值变为正值，该生态系统成为大气 CH$_4$ 源，在 15:00 达到最大值；在日落前后，CH$_4$ 通量由正值变负值，表现为大气 CH$_4$ 汇，夜间 CH$_4$ 通量值变化不明显，这主要受夜间湍流弱的影响，这与 Nakai 等（2020）的研究结果一致，与 Sundqvist 等（2015）的研究结果是相反的。Covey 和 Megonigal（2019）与 Pitz 和 Megonigal（2017）

研究发现：活的和死的树干是山地森林中潜在的 $CH_4$ 源。Machacova 等（2016）研究认为：芬兰南部成熟樟子松枝和茎有 $CH_4$ 排放的现象。本研究发现：在春季和夏季，由于下午温度高于上午，$CH_4$ 排放量上午快速增加，下午则下降较缓慢，与 Korkiakoski 等（2017）的研究结果一致。在不稳定状态下，$CH_4$ 通量与温度具有一定相关性。此外，白天的 $CH_4$ 通量值还取决于土壤含水量等因素。生长季降水多于非生长季，造成生长季 $CH_4$ 通量日平均最大值均低于非生长季。月平均日最大 $CH_4$ 通量值出现在 3 月，最小值出现在 10 月。每日 $CH_4$ 通量由负值转为正值的起始时间以 7 月最早（约为 8:30），11 月最晚（约为 10:00）。$CH_4$ 通量由正值转为负值的起始时间 7～8 月最晚（约为 19:30），9 月后逐渐提前，至 12 月提前到 18:00。$CH_4$ 通量为正值的持续时间在 7 月最长（11h），10 月最短（8h）。这与 Querino 等（2011）的研究结果类似，持续时间长于热带森林生态系统日出后持续时间（5h），高升华等（2016）研究了滩地人工林生态系统 $CH_4$，发现部分月份白天也出现正值并持续一段时间，这可能是由于夜间 $CH_4$ 气体存储于冠层中，日出后被排入大气中。

本生态系统 $CH_4$ 通量在生长季和非生长季平均日变化均有明显趋势，白天为正值，夜间变化不明显，说明只有在大气不稳定，湍流运动强烈时 $CH_4$ 通量才有明显的变化，夜间湍流弱，大气稳定，$CH_4$ 通量变化不明显，这与农田、湿地生态系统夜间 $CH_4$ 通量研究结果一致（宋朝清等，2019；张悦等，2019）。生长季 $CH_4$ 通量日平均最大值均低于非生长季，这主要是因为生长季降水较多，同时还可能是由于生长季净辐射大于非生长季，辐射强度增加增强了植物的作用，$CH_4$ 氧化作用减少（Praeg et al.，2019）。生长季和非生长季中晴天均具有明显日变化，晴天 $CH_4$ 通量值均大于雨天，最大值出现在午后；而雨天的日变化趋势多变，最大值出现在午前，且 $CH_4$ 通量值日均值略低。生长季冠层测得的是大气 $CH_4$ 源，但是土壤是 $CH_4$ 汇，可能的原因是植物排放抵消了土壤的 $CH_4$ 汇（Pitz and Megonigal，2017）。

对比降雨前、降雨后及连续降雨期间的 $CH_4$ 通量日变化，发现降雨强度、降雨频率和极端降水事件对 $CH_4$ 源/汇转化均会产生一定的影响。降雨前后，$CH_4$ 通量的日变化为典型晴天变化规律。降雨对 $CH_4$ 通量具有滞后效应，在连续降雨的第 3、4 天 $CH_4$ 通量日变化发生改变，显示为"U"形趋势，白天是负值，为 $CH_4$ 汇。随降雨持续天数的增加，$CH_4$ 源/汇以大约 3 天为周期交替转换，主要原因是生态系统土壤水分由于受水分限制影响最大，其有效性动态特征将发生改变，生态过程随着脉冲降水事件频率增加，对其依赖性增强（赵蓉等，2015）。

本生态系统 $CH_4$ 通量具有明显的季节变化。随着辐射的增强、温度的升高，植物进入生长季初期，冠层叶面积增加，$CH_4$ 通量逐渐增加，在 3 月达到全年最高峰，随着叶面积继续增加，辐射增强，$CH_4$ 通量逐渐减小，至 6 月 $CH_4$ 通量达到全年第一个低峰，主要因为 6 月温度高，降水少，可能与植物生理活动有关。7、8 月进入雨季，土壤水分增加，$CH_4$ 通量有所增加，而 8 月以后，辐射和温度逐渐下降，$CH_4$ 通量随之呈下降趋势。10 月，由于连续降雨 $CH_4$ 通量达到全年最低峰值。季节内 $CH_4$ 通量最高值为春季＞夏季＞冬季＞秋季，与 Zona 等（2013）的研究结果一致。张悦等（2019）对洪泽湖地区杨树人工林研究发现，生长季表现出较弱的 $CH_4$ 吸收，非生长季为中性至微弱的 $CH_4$ 排放，全年表现为较微弱的 $CH_4$ 汇。本研究 2017～2019 年生态系统 $CH_4$ 通量平均为 3.02g C/($m^2$·a)，表明其为 $CH_4$ 弱源，与张悦等（2019）的研究结果不一致，可能与研究时长、气候和树种等因素有关。

## 9.4 小　　结

源区面积在不稳定状态下小于稳定状态下，非生长季大于生长季。通量源区日变化分布具有非均匀性，白天的通量源区面积大于夜间，在中午的时候面积最小，而在凌晨 3 点源区面积最大。

$CH_4$ 通量有明显的日变化规律。$CH_4$ 通量的月平均日变化呈单峰趋势，白天为正，为大气 $CH_4$ 源，夜间为负值，表现为大气 $CH_4$ 汇。月平均日最大 $CH_4$ 通量值出现在 3 月，最小值出现在 10 月。

$CH_4$ 通量具有明显的季节变化规律。在春季达到全年最高峰，夏季 $CH_4$ 通量达到全年第一个低峰，秋季达到全年最低峰值，冬季 $CH_4$ 通量有所增加，但仍低于夏季。

降水事件影响 $CH_4$ 源/汇转化，但存在时滞性。在连续降雨的第 3、4 天 $CH_4$ 通量日变化发生改变，白天为负值，生态系统表现为 $CH_4$ 汇。随着降雨持续天数的增加，$CH_4$ 源/汇以周期为 3 天左右交替转换。

生态系统 $CH_4$ 源汇比较复杂，整体表现为大气 $CH_4$ 弱源，但日尺度出现源汇交替现象。

本研究基于 3 年的观测数据，分析了生态系统 $CH_4$ 通量变化特征。为降低生态系统 $CH_4$ 通量评估的不确定性，需进一步开展持续观测研究工作。

## 参 考 文 献

冯俊婷, 胡振华, 张宝忠, 等. 2017. 涡度相关技术实测农田的通量贡献区范围分析. 灌溉排水学报, 36(6): 49-56.

高升华, 张旭东, 汤玉喜, 等. 2016. 滩地人工林幼林不同时间尺度 $CH_4$ 通量变化特征——基于涡度相关闭路系统的研究. 生态学报, 36(18): 5912-5921.

何方杰, 韩辉邦, 马学谦, 等. 2019. 隆宝滩沼泽湿地不同区域的甲烷通量特征及影响因素. 生态环境学报, 28(4): 803-811.

宋朝清, 刘伟, 陆海波, 等. 2019. 基于通量测量的稻田甲烷排放特征及影响因素研究. 地球科学进展, 34(11): 1141-1151.

张悦, 冯会丽, 王维枫, 等. 2019. 洪泽湖地区杨树人工林碳水通量昼夜和季节变化特征. 南京林业大学学报(自然科学版), 43(5): 113-120.

赵蓉, 李小军, 赵洋, 等. 2015. 固沙植被区两类结皮斑块土壤呼吸对降雨脉冲的响应. 中国沙漠, 35(2): 393-399.

郑宁. 2010. 低丘山地人工林显热通量空间代表性和尺度效应的研究. 合肥: 安徽农业大学硕士学位论文.

周梅, 郑伟, 高全洲. 2018. 珠海城郊草地通量源区分析. 中山大学学报(自然科学版), 57(3): 24-33.

周琪, 李平衡, 王权, 等. 2014. 西北干旱区荒漠生态系统通量贡献区模型研究. 中国沙漠, 34(1): 98-107.

庄静静. 2016. 华北低山丘陵区刺槐林土壤甲烷通量变化特征及其影响机制. 北京: 中国林业科学研究院博士学位论文.

Covey K R, Megonigal J P. 2019. Methane production and emissions in trees and forests. New Phytologist, 222(1): 35-51.

Kljun N, Rotach M W, Schmid H P. 2002. A three-dimensional backward Lagrangian footprint model for a wide range of boundary-layer stratifications. Boundary-Layer Meteorology, 103(2): 205-226.

Korkiakoski M, Tuovinen J P, Aurela M, et al. 2017. Methane exchange at the peatland forest floor -automatic chamber system exposes the dynamics of small fluxes. Biogeosciences, 14: 1947-1967.

Leclerc M Y, Thurtell G W. 1990. Footprint prediction of scalar fluxes using a Markovian analysis. Boundary-Layer Meteorology, 52(3): 247-258.

Machacova K, Bäck J, Vanhatalo A, et al. 2016. *Pinus sylvestris* as a missing source of nitrous oxide and methane in boreal forest. Scientific Reports, 6: 23410.

Megonigal J P, Guenther A B. 2008. Methane emissions from upland forest soils and vegetation. Tree Physiology, 28(4): 491-498.

Mikkelsen T N, Bruhn D, Ambus P, et al. 2011. Is methane released from the forest canopy? iForest-Biogeosciences and Forestry, 4(5): 200-204.

Miyama T, Hashimoto T, Kominami Y, et al. 2010. Temporal and spatial variations in $CH_4$ concentrations in a Japanese warm-temperate mixed forest. Journal of Agricultural Meteorology, 66(1): 1-9.

Nakai T, Hiyama T, Petrov R E, et al. 2020. Application of an open-path eddy covariance methane flux measurement system to a larch forest in eastern Siberia. Agricultural and Forest Meteorology, 282-283: 107860.

Pitz S, Megonigal J P. 2017. Temperate forest methane sink diminished by tree emissions. New Phytologist, 214(4): 1432-1439.

Praeg N, Schwinghammer L, Illmer P, 2019. *Larix decidua* and additional light affect the methane balance of forest soil and the abundance of methanogenic and methanotrophic microorganisms. FEMS Microbiology Letters, 366(24): fnz259.

Querino C A S, Smeets C J P P, Vigano I, et al. 2011. Methane flux, vertical gradient and mixing ratio measurements in a tropical forest. Atmospheric Chemistry and Physics, 11(15): 7943-7953.

Schmid H P. 1994. Source areas for scalars and scalar fluxes. Boundary-Layer Meteorology, 67(3): 293-318.

Simpson I J, Edwards G C, Thurtell G W. 1999. Variations in methane and nitrous oxide mixing ratios at the southern boundary of a Canadian boreal forest. Atmospheric Environment, 33(7): 1141-1150.

Smeets C J P P, Holzinger R, Vigano I, et al. 2009. Eddy covariance methane measurements at a Ponderosa pine plantation in California. Atmospheric Chemistry and Physics, 9(21): 8365-8375.

Sundqvist E, Mölder M, Crill P, et al. 2015. Methane exchange in a boreal forest estimated by gradient method. Tellus B: Chemical and Physical Meteorology, 67(1): 26688.

Tong X J, Meng P, Zhang J S, et al. 2012. Ecosystem carbon exchange over a warm-temperate mixed plantation in the lithoid hilly area of the North China. Atmospheric Environment, 49: 257-267.

Ueyama M, Takai Y, Takahashi Y, et al. 2013. High-precision measurements of the methane flux over a larch forest based on a hyperbolic relaxed eddy accumulation method using a laser spectrometer. Agricultural and Forest Meteorology, 178-179: 183-193.

Zona D, Janssens I A, Aubinet M, et al. 2013. Fluxes of the greenhouse gases ($CO_2$, $CH_4$ and $N_2O$) above a short-rotation poplar plantation after conversion from agricultural land. Agricultural and Forest Meteorology, 169: 100-110.

# 第 10 章 水热因子对生态系统 $CH_4$ 通量的影响

森林生态系统 $CH_4$ 通量变化与气象条件有关，会导致森林 $CH_4$ 源汇格局转换（Sakabe et al.，2012）。已有研究发现：植物可通过通气组织传输 $CH_4$（Schimel，1995；Bhullar et al.，2013），土壤中产生的 $CH_4$ 会随着植物蒸腾运输，然后由茎皮孔排放（Pangala et al.，2015；Maier et al.，2018；Plain et al.，2019）。大气水热变化影响植物蒸腾过程，继而间接影响森林生态系统 $CH_4$ 通量变化；土壤水热直接影响土壤 $CH_4$ 通量，最终影响生态系统 $CH_4$ 收支，而林冠层与土壤间的水热又相互影响。在未来气候变暖背景下，长期定位观测研究有助于加深了解 $CH_4$ 源汇及影响机制，对进一步精准模拟森林碳循环过程和预测气候变化具有支撑作用。

本章基于 2017～2019 年通量数据，采用冗余分析（redundancy analysis，RDA）、主成分分析（principal component analysis，PCA）和路径分析法，研究林冠与土壤水热要素对生态系统 $CH_4$ 通量的影响，揭示 $CH_4$ 通量变化的驱动机制。

## 10.1 水热要素变化规律

### 10.1.1 林冠气象因子变化规律

观测区数据显示大气温度（$T_a$）、净辐射（$R_n$）和光合有效辐射（PAR）的年变化均呈现单峰趋势，冬季低，夏天高；降水也主要集中在生长季（图 10.1）。

观测期内大气温度（$T_a$）日平均气温的变化范围为 $-6.9$～$31.9$℃，2017～2019 年大气温度日平均值分别为 15.1℃、14.9℃和 16.3℃，最高值均出现在 7 月中旬，而最低值均出现在 1 月底。

相对湿度（RH）的变化范围为 10.11%～99.89%，2017～2019 年相对湿度日平均值分别为 55.81%、54.76%和 52.71%，最高值均出现在 9 月底，最低值均出现在 3 月初。

净辐射（$R_n$）2017～2019 年的变化范围分别为 $-14.20$～$212.01\text{W/m}^2$、$-21.28$～$203.19\text{W/m}^2$ 和 $-22.7$～$203.94\text{W/m}^2$，最大值出现在 6～7 月，最低值出现在 12 月至次年 1 月。

对光合有效辐射（PAR）全年总量而言，2017～2019 年在 1094～$1367\text{MJ/m}^2$ 变动，平均为 $1194\text{MJ/m}^2$。PAR 最大值 2017 年出现在 5 月，2018 年在 8 月，2019 年在 6 月；PAR 最小值 2017 年出现在 10 月，2018 年和 2019 年最小值均出现在 1 月，这主要是由于 2017 年 10 月连续降雨天数最多，受云层影响，PAR 值最低。

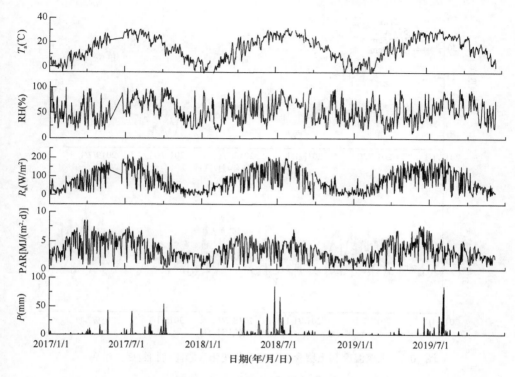

图 10.1 微气象因子的季节变化
$T_a$. 大气温度；RH. 相对湿度；$R_n$. 净辐射；PAR. 光合有效辐射；P. 降水量

2017年、2018年和2019年降水量分别为417.6mm、647.8mm和371.1mm。2017～2019年月最大降水量分别出现在10月（102mm）、7月（228mm）和8月（212mm）。生长季（5～10月）的总降水量明显高于非生长季。2018年6月降水量高于2017年（2.7mm）和2019年（56.2mm）同期降水量（图10.1）。

### 10.1.2 土壤水热变化规律

在研究期内，0～5cm、5～10cm、10～15cm和15～20cm土壤温度变化趋势基本一致，均呈现单峰趋势，各层土壤温度总体上表现为先下降后上升，在冬季温度达到最低，春季温度逐渐回升，在夏季达到最高值（图10.2）。

0～5cm、5～10cm、10～15cm和15～20cm的土壤温度变化范围分别为−1.4～33.3℃、−1.6～31.9℃、−0.8～33.0℃和−0.4～30.7℃，平均值分别为15.5℃、15.7℃、16.2℃和15.2℃。土壤温度整体变化趋势与大气温度和辐射的变化有关，全年生长季平均温度高，非生长季大气温度较低，直接影响了表层土壤温度变化。在生长季内土壤温度按5～10cm、10～15cm、0～5cm和15～20cm四个层次依次递减；

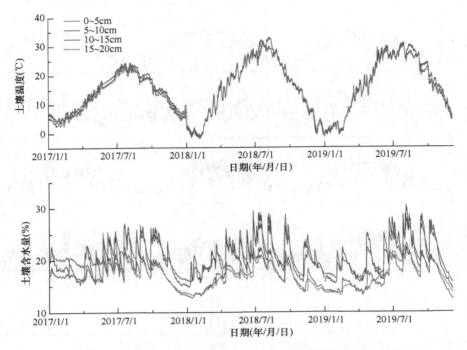

图 10.2　土壤温度和土壤含水量的季节变化（彩图请扫封底二维码）

而在非生长季土壤温度按 10~15cm、5~10cm、15~20cm 和 0~5cm 依次递减。这主要是因为深层土壤比表层土壤受辐射影响较小。

林地 0~5cm、5~10cm、10~15cm 和 15~20cm 各层土壤含水量的变化范围分别为 14.49%~30.42%、15.68%~28.05%、12.53%~22.6% 和 13.24%~23.25%，平均土壤含水量分别为 20.32%、20.86%、17.34% 和 17.21%（图 10.2）。5~10cm 土层的土壤含水量最大，其次是 0~5cm、10~15cm 和 15~20cm 的含水量，其变化趋势基本一致，这可能与植物群落根系结构有关。生长季各层土壤含水量的波动比非生长季的大，且非生长季 0~5cm 土壤含水量的波动比其他三层波动明显，这主要是该层土壤含水量更容易受温度和降水影响，同时地表覆盖物对水分的拦截与保持也具有一定的影响。

## 10.2　生态系统 $CH_4$ 通量的影响因素及其权重

### 10.2.1　水热状况与生态系统 $CH_4$ 通量的关系

采用 PCA 和 RDA 法，分析了生态系统 $CH_4$ 通量与水热因子的关系，结果表明：在 PCA 分析中，被第一排序轴和第二排序轴解释的每年 $CH_4$ 月均通量的方差分别为 85.26%和 8.83%（图 10.3）。

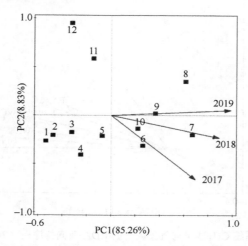

图 10.3　生态系统 $CH_4$ 月均通量在 PCA 的单投影图（2017～2019 年）

PCA 法分析发现：$CH_4$ 通量与水热因子的关系在不同月份存在差异性，而在同一象限中均有相似的解释，第二、三象限为 11～12 月及次年 1～2 月、3～5 月，此时人工林处于非生长季和生长季初期，温度较低，降水较少等，植物生长缓慢，$CH_4$ 通量与水热因子的关系在这两个时段存在明显差异。第一、四象限为 6～10 月，该时期为人工林生长季中期和后期，其中，8～9 月与其他月份差异较大；二者关系在不同年份之间也存在明显差异。2017 年与 2018 年夹角小于 2017 年与 2019 年夹角，均为锐角，说明 2017 年与 2018 年之间差异性小于 2017 年与 2019 年之间。

通过 RDA 法分析表明：生态系统 $CH_4$ 通量与水热因子的方差为 37.5%（图 10.4）。以降水量（$P$）和大气温度（$T_a$）为例，二者与 $CH_4$ 通量的夹角分别为 $\alpha$ 和 $\beta$，前者是锐角，后者是钝角，相应的余弦值分别代表了其与 $CH_4$ 通量的相关性，夹角越小，相关性越高，反之越低。

$CH_4$ 通量与降水量呈现了极显著的正相关，$CH_4$ 通量与大气温度呈现了较好的负相关。相对湿度、净辐射、光合有效辐射、土壤温度和土壤含水量均与 $CH_4$ 通量呈现显著相关关系（图 10.4）。以 2017 年为例，分析了月平均 $CH_4$ 通量与水热因子的相关性（图 10.5）。

大气温度、表层土壤温度、表层土壤含水量、净辐射、光合有效辐射的相关性较高，与降水量、深层土壤温度和深层土壤含水量、相对湿度相关性较低，这与年 RDA 分析有所区别，主要因为水热值年均变化小于年内变化范围，例如，年平均大气温度的变化范围（15.0～16.9℃）小于年内大气温度变化范围（−4.0～30.6℃）。

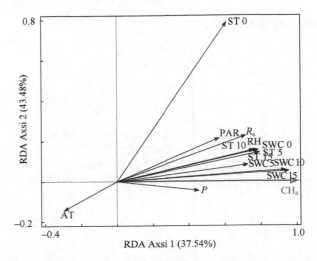

图 10.4 生态系统 $CH_4$ 通量与气象因子的 RDA 双向排序图（2017~2019 年）
（彩图请扫封底二维码）

AT. 大气温度；RH. 相对湿度；$R_n$. 净辐射；PAR. 光合有效辐射；P. 降水量；ST 0~ST 15. 0~15cm 土壤温度；SWC 0~SWC 15. 0~15cm 土壤含水量。图 10.5 同

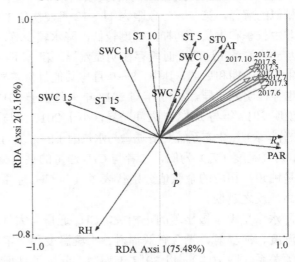

图 10.5 生态系统月平均 $CH_4$ 通量与水热因子的 RDA 双向排序图（2017 年）
（彩图请扫封底二维码）

## 10.2.2 不同水热因子与生态系统 $CH_4$ 通量的相关性

### 10.2.2.1 $CH_4$ 通量与大气温度和相对湿度的关系

在春季、夏季和秋季，$CH_4$ 通量与大气温度（$T_a$）呈显著线性相关关系（$P<$

0.05）：春季呈负相关，随着 $T_a$ 升高，$CH_4$ 通量值减小，而夏季和秋季相反，呈正相关（图 10.6）。

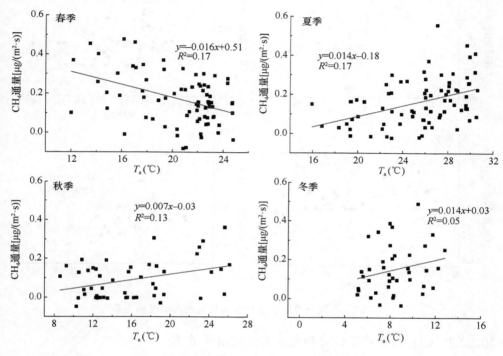

图 10.6  不同季节 $CH_4$ 通量与大气温度的关系

$CH_4$ 通量与温度拟合方程分别为

$y=-0.016T_a+0.51$（$R^2=0.17$，$P<0.05$）（春季）

$y=0.014T_a-0.18$（$R^2=0.17$，$P<0.05$）（夏季）

$y=0.007T_a-0.03$（$R^2=0.13$，$P<0.05$）（秋季）

冬季 $CH_4$ 通量与 $T_a$ 关系不显著（图 10.6）。$T_a$ 对白天和夜间 $CH_4$ 通量的影响存在差异，$T_a$ 对白天的 $CH_4$ 通量影响较大，对夜间 $CH_4$ 通量影响较小。

不同春、夏、秋和冬季日平均 $CH_4$ 通量与相对湿度（RH）的拟合方程分别为

$y=0.002RH^2-0.177RH+4.67$（$R^2=0.12$，$P<0.05$）

$y=-0.005RH+0.58$（$R^2=0.13$，$P<0.05$）

$y=-0.004RH+0.32$（$R^2=0.24$，$P<0.05$）

$y=-0.077RH+0.44$（$R^2=0.41$，$P<0.05$）

冬季 $CH_4$ 通量与 RH 的相关性最高，秋季次之（图 10.7）。

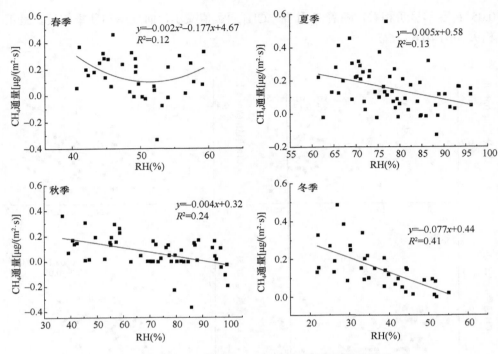

图 10.7 不同季节日平均 $CH_4$ 通量与相对湿度的关系

#### 10.2.2.2 $CH_4$ 通量与净辐射和光合有效辐射的关系

日尺度上，夏季、秋季、冬季 $CH_4$ 通量和净辐射（$R_n$）呈显著正相关关系，但在春季不显著，其中冬季净辐射对 $CH_4$ 通量的影响最大（图 10.8）。

其春、夏、秋、冬四季拟合方程分别为

$y=0.0005R_n^2-0.013R_n+1.11$（$R^2=0.02$，$P<0.05$）

$y=0.001R_n+0.003$（$R^2=0.26$，$P<0.05$）

$y=0.002R_n-0.01$（$R^2=0.43$，$P<0.05$）

$y=0.002R_n+0.069$（$R^2=0.49$，$P<0.05$）

在日尺度上，夏季、秋季、冬季 $CH_4$ 通量与光合有效辐射（PAR）呈显著正相关关系，且秋季 PAR 对 $CH_4$ 通量的影响较大，冬季次之，夏季较小，而春季关系不显著（图 10.9）。这可能是因为秋冬季节植物落叶较多，植物光合作用等活动降低，植物对土壤 $CH_4$ 平衡的影响降低，导致 $CH_4$ 氧化作用减少（Praeg et al., 2019）。秋、冬季，光合有效辐射对 $CH_4$ 通量的影响比较显著。

春、夏、秋、冬四季拟合方程分别为

$y=0.013$PAR$+0.09$（$R^2=0.02$，$P>0.05$）

$y=0.043$PAR$-0.07$（$R^2=0.24$，$P<0.05$）

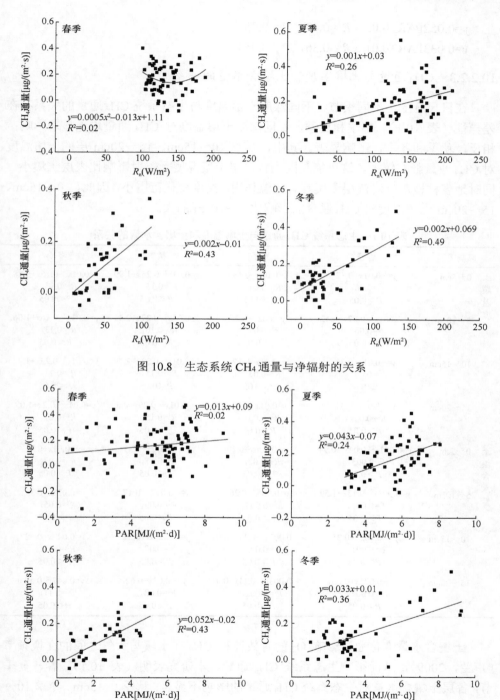

图 10.8 生态系统 $CH_4$ 通量与净辐射的关系

图 10.9 生态系统 $CH_4$ 通量与光合有效辐射的关系

$y=0.052\text{PAR}-0.02$（$R^2=0.43$，$P<0.05$）

$y=0.033\text{PAR}+0.01$（$R^2=0.36$，$P<0.05$）

#### 10.2.2.3　$CH_4$通量与土壤温度和土壤含水量的关系

在日尺度上，不同季节、不同深度土壤温度与生态系统$CH_4$通量的关系存在差异性（表10.1）。春季和夏季，不同深度土壤温度对$CH_4$通量均无显著影响；相反，秋季和冬季，影响显著。其中，冬季10～15cm、15～20cm层的土壤温度对$CH_4$通量影响较大。这可能是因为较深层土壤温度受辐射影响比表层土壤小，同时地表枯枝落叶对浅层土壤具有保温作用，温度变化范围小。因此，10～15cm、15～20cm土壤温度对$CH_4$通量的影响比0～10cm的大。

表10.1　生态系统$CH_4$通量与土壤温度和土壤含水量的关系

| 影响因子 | | 春季 | 夏季 | 秋季 | 冬季 |
| --- | --- | --- | --- | --- | --- |
| 土壤温度 | 0～5cm | $y=-0.01x+0.32$ $R^2=0.06$, $P>0.05$ | $y=0.02x-0.18$ $R^2=0.04$, $P>0.05$ | $y=0.01x^2-0.25x+1.99$ $R^2=0.15$, $P<0.05$ | $y=0.01x^2-0.15x+0.88$ $R^2=0.13$, $P<0.05$ |
| | 5～10cm | $y=0.001x^2-0.02x+0.42$ $R^2=0.06$, $P>0.05$ | $y=0.02x-0.2$ $R^2=0.04$, $P>0.05$ | $y=0.01x^2-0.27x+2.31$ $R^2=0.16$, $P<0.05$ | $y=0.01x^2-0.16x+1.06$ $R^2=0.13$, $P<0.05$ |
| | 10～15cm | $y=-0.01x+0.33$ $R^2=0.05$, $P>0.05$ | $y=0.01x-0.17$ $R^2=0.03$, $P>0.05$ | $y=0.01x^2-0.32x+2.79$ $R^2=0.15$, $P<0.05$ | $y=0.01x^2-0.23x+1.43$ $R^2=0.21$, $P<0.05$ |
| | 15～20cm | $y=-0.01x+0.31$ $R^2=0.05$, $P>0.05$ | $y=0.01x-0.14$ $R^2=0.03$, $P>0.05$ | $y=0.01x^2-0.29x+2.3$ $R^2=0.15$, $P<0.05$ | $y=0.01x^2-0.2x+1.09$ $R^2=0.21$, $P<0.05$ |
| 土壤含水量 | 0～5cm | $y=0.001x^2-0.04x+0.54$ $R^2=0.003$, $P>0.05$ | $y=-0.006x+0.29$ $R^2=0.02$, $P>0.05$ | $y=-0.012x+0.37$ $R^2=0.11$, $P<0.05$ | $y=-0.01x+0.31$ $R^2=0.02$, $P>0.05$ |
| | 5～10cm | $y=0.003x^2-0.13x+1.59$ $R^2=0.006$, $P>0.05$ | $y=0.005x+0.26$ $R^2=0.004$, $P>0.05$ | $y=-0.017x+0.47$ $R^2=0.09$, $P>0.05$ | $y=0.028x-0.33$ $R^2=0.05$, $P>0.05$ |
| | 10～15cm | $y=-0.002x+0.21$ $R^2=0.001$, $P>0.05$ | $y=-0.003x^2+0.11x+0.91$ $R^2=0.002$, $P>0.05$ | $y=-0.023x+0.52$ $R^2=0.07$, $P>0.05$ | $y=0.042x-0.52$ $R^2=0.11$, $P<0.05$ |
| | 15～20cm | $y=-0.005x+0.26$ $R^2=0.003$, $P>0.05$ | $y=-0.003x^2+0.11x+0.91$ $R^2=0.002$, $P>0.05$ | $y=-0.03x+0.62$ $R^2=0.08$, $P>0.05$ | $y=0.047x-0.59$ $R^2=0.11$, $P<0.05$ |

土壤含水量变化通过影响$O_2$的有效性和$CH_4$在土壤与大气之间的交换频率（卢兰，2009），从而影响生态系统$CH_4$通量。本研究表明（表10.1）：春、夏季节，各层土壤含水量对生态系统$CH_4$通量的影响不显著；秋季0～5cm、冬季10～20cm土壤含水量对生态系统$CH_4$通量的影响显著。其中，春、夏和秋季，$CH_4$

通量与 10~20cm 土壤含水量具有负相关关系，可能是因为较高的土壤含水量使土壤的通气状况下降，对外界 $O_2$ 及土壤内部 $CH_4$ 通量的交换产生了限制作用（刘功辉，2014；Ball et al.，1997）。

#### 10.2.2.4 $CH_4$ 通量与降水量的关系

在春、夏、秋、冬四个季节中，$CH_4$ 通量与降水量无明显相关性（图 10.10）。但降水量对日尺度上 $CH_4$ 通量的影响有明显的滞后作用，滞后时间约 3 天。不同降水强度、持续时间均会对 $CH_4$ 通量变化产生显著的影响。连续降水 5 天以上，降水会改变生态系统 $CH_4$ 源汇格局。降水会引起地表水热条件的变化。研究发现，降水对土壤 $CH_4$ 通量有一定的抑制作用（Castro et al.，1995）。

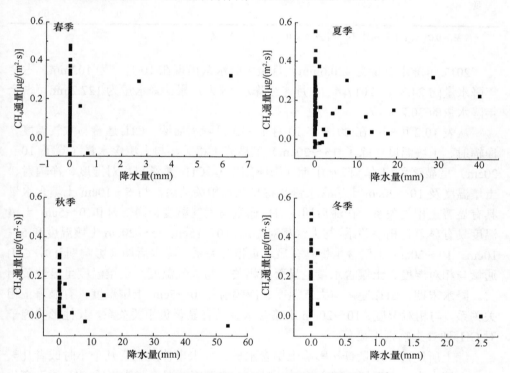

图 10.10 不同季节生态系统 $CH_4$ 通量与降水量的关系

本研究分析了连续降雨天气下（2017 年 10 月 1~15 日）生态系统 $CH_4$ 通量的日变化特征，结合土壤温度和湿度、大气温度和湿度，以及净辐射的变化特征，在日尺度上分析脉冲降水生态系统 $CH_4$ 通量与土壤温度和湿度、大气温度和湿度，以及净辐射关系的影响（表 10.2）。

表 10.2　生态系统 $CH_4$ 通量与各气象要素的关系（2017 年 10 月 1~15 日）

| 影响因子 | | 降水前期 | 影响期Ⅰ | 滞后期 | 影响期Ⅱ | 降水末期 |
|---|---|---|---|---|---|---|
| | 大气温度 | 0.42** | 0.04 | 0.52** | −0.30** | 0.36** |
| | 相对湿度 | 0.03 | −0.22** | −0.38** | 0.43** | −0.16* |
| | 净辐射 | 0.52** | −0.27** | 0.50** | 0.01 | 0.51** |
| 土壤温度 | 0~5cm | 0.49** | −0.26** | 0.66** | −0.32** | 0.49** |
| | 5~10cm | 0.27** | −0.32** | 0.03 | −0.38** | 0.11 |
| | 10~15cm | 0.22** | −0.33* | −0.24** | −0.31** | 0.07 |
| | 15~20cm | 0.16 | −0.38** | −0.30** | −0.30** | 0.07 |
| 土壤含水量 | 0~5cm | −0.32** | −0.03 | 0.09 | 0.51** | 0.07 |
| | 5~10cm | −0.27** | 0.39** | −0.21** | 0.48** | −0.08 |
| | 10~20cm | −0.22 | −0.22** | −0.54** | 0.53** | −0.15* |

*代表在 0.05 水平上差异显著；**代表在 0.01 水平上差异显著

2017 年降水总量为 420.6mm，月最大降水量出现在 10 月，为 102mm，占全年降水量的 24.3%。2017 年 10 月连续降水 15 天，累计降水量为 127.2mm，占全年降水量的 30.2%。

从表 10.2 可知：在 2017 年 10 月 1~15 日降水前期，$CH_4$ 通量与大气温度、净辐射、土壤温度（除了 15~20cm）呈显著正相关，与土壤含水量（除了 10~20cm）呈显著负相关。降水中期（影响期Ⅰ），$CH_4$ 通量与相对湿度、净辐射、土壤温度及 10~20cm 土壤含水量具有显著负相关关系，与 5~10cm 土壤含水量具有显著正相关关系。在滞后期，$CH_4$ 通量与大气温度、净辐射和 0~5cm 土壤温度具有显著正相关关系，与大气相对湿度、10~15cm、15~20cm 土壤温度和 5~10cm、10~20cm 土壤含水量具有显著负相关关系。降水后期（影响期Ⅱ），$CH_4$ 通量与相对湿度、土壤含水量呈显著正相关，与大气温度、土壤温度呈显性负相关。降水末期，$CH_4$ 通量与大气温度、净辐射和 0~5cm 土壤温度具有显著正相关关系，与相对湿度、10~20cm 土壤含水量具有显著负相关关系，其他影响因子对 $CH_4$ 通量影响则不显著。

综上所述，降水量直接影响土壤含水量。降水事件发生后几个小时或者几天内，土壤中水分向深层土壤入渗，此时，土壤温度、湿度成为影响 $CH_4$ 通量变化的主要原因。后期，大气温度及太阳辐射成为影响 $CH_4$ 通量的主要因素。而在降水影响期内，土壤温度、湿度成为影响 $CH_4$ 通量及出现源/汇转变的主要原因。

### 10.2.3　水热因子对生态系统 $CH_4$ 通量的影响程度的比较

以大气温度和相对湿度、降水量、净辐射、光合有效辐射、5~10cm 土壤温度和土壤含水量为指标，利用路径分析方法，比较了不同水热因子对生态系统 $CH_4$

通量的影响程度。

结果表明（图10.11）：降水量、大气温度、净辐射、5～10cm土壤温度和相对湿度是影响$CH_4$通量的主要因子，其对$CH_4$通量影响的路径系数分别为0.61、0.58、-0.49、0.24和0.11。光合有效辐射和5～10cm土壤含水量对$CH_4$通量影响较小，路径系数分别为0.05和0.02。净辐射对5～10cm土壤温度、大气温度有显著影响，这表明辐射通过5～10cm土壤温度和大气温度间接影响$CH_4$通量。降水量对5～10cm土壤含水量和相对湿度有显著的影响。因此，降水量通过土壤含水量和相对湿度对$CH_4$通量产生间接影响。其他气象因子对$CH_4$通量的间接影响则很小。

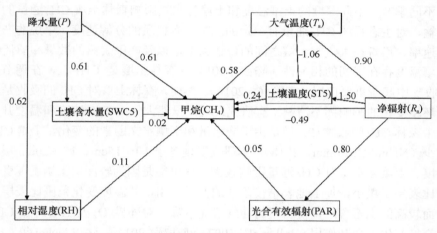

图10.11　生态系统$CH_4$通量与气象因子的路径分析

## 10.3　讨　论

有关研究发现植物叶片能释放$CH_4$，从而影响冠层$CH_4$通量的变化（Keppler et al.，2008；Kitaoka et al.，2007），而土壤中产生的$CH_4$随着树木蒸腾运输，然后由茎皮孔排放到大气中（Pangala et al.，2015；Maier et al.，2018；Plain et al.，2019）。大气温度和湿度、净辐射会影响植物蒸腾，进而影响生态系统$CH_4$通量。植被光合与蒸腾是两个平行发生的重要生理生态过程，通过气孔存在依赖关系。光合有效辐射直接影响植物光合作用，必然会影响蒸腾作用，进而间接影响生态系统$CH_4$通量。

本研究发现：$CH_4$通量与大气温度在春季、夏季和秋季呈显著线性相关关系（$P<0.05$），春季呈负相关，夏季和秋季呈正相关，冬季不相关，并且大气温度对白天的$CH_4$通量影响比对夜间的大。$CH_4$通量与相对湿度的相关性表现为冬季最

高，秋季次之，与 Nakai 等（2020）在东西伯利亚落叶松林冠层 $CH_4$ 通量所得的研究结果一致。

$CH_4$ 通量和净辐射两者关系在春季不显著，夏季和秋季呈显著正相关关系。这可能与夏秋季节叶面积指数较大、生态系统蒸腾量较大有关。冬季植物处于非生长期，净辐射增加会使土壤温度升高，从而导致 $CH_4$ 通量增加。

$CH_4$ 通量与光合有效辐射在夏季、秋季和冬季均呈正相关关系，且相关性秋季＞冬季＞夏季，而春季关系不显著，这可能是由于秋、冬季植物落叶较多，植物光合作用等活动降低，植物对土壤 $CH_4$ 平衡的影响降低，导致 $CH_4$ 氧化作用减少（Praeg et al.，2019）。

不同季节、不同深度的土壤温度和土壤含水量影响森林土壤 $CH_4$ 通量的产生和传输，对生态系统 $CH_4$ 通量有一定的影响。有机质的分解速度、甲烷的产生和氧化速率、甲烷在大气与土壤之间的传输速率，以及产甲烷菌的数量和酶活性都与土壤温度存在密切的相关性（陈茜，2014）。森林土壤是 $CH_4$ 汇，在调节全球 $CH_4$ 收支中起着重要作用（庄静静，2016）。然而，森林土壤对 $CH_4$ 的吸收是否受全球环境变化的影响尚不清楚。有研究发现，虽然大气中 $CH_4$ 浓度和温度升高导致温带森林 $CH_4$ 吸收增加，但是由于降水量和土壤水文因素的变化，土壤 $CH_4$ 吸收减少（Ni and Groffman，2018）。本研究发现冬季 10～15cm、15～20cm 层的土壤温度、土壤含水量对 $CH_4$ 通量影响较大，这可能是因为较深层土壤温度受辐射影响比表层土壤小，加上地表枯枝落叶的保温作用，其温度变化范围比表层土壤小，而较高的土壤含水量使土壤的通气状况下降，对外界 $O_2$ 及土壤内部 $CH_4$ 通量的交换产生了限制作用（Ball et al.，1997；刘功辉，2014），这与 Nakai 等（2020）的研究结果一致。

降水量对 $CH_4$ 通量的影响较为复杂，不同强度的降水对各气象因素及 $CH_4$ 通量都有不同的影响。连续降雨天气条件下的 $CH_4$ 通量日变化特征有明显的差异，表现出源汇交替出现的现象，这是各水热因子综合影响的结果。随短期降雨事件的发生，$CH_4$ 通量变化比较大，这与 Wong 等（2018）研究结果相反。山地森林冠层 $CH_4$ 通量对水分条件敏感（Sakabe et al.，2012；Wang et al.，2013；Zenone et al.，2016；Ueyama et al.，2013），潮湿条件刺激 $CH_4$ 的产生并限制氧化。本研究发现，生态系统 $CH_4$ 通量对降水事件的响应滞后，这与 Wong 等（2018）研究结果一致。

降水量、大气温度、净辐射、5～10cm 土壤温度和相对湿度对 $CH_4$ 通量的路径系数分别为 0.61、0.58、-0.49、0.24 和 0.11，是影响 $CH_4$ 通量的主要因子。光合有效辐射和 5～10cm 土壤含水量对 $CH_4$ 通量的路径系数分别为 0.05 和 0.02，影响相对较小。净辐射通过 5～10cm 土壤温度和大气温度间接影响 $CH_4$ 通量，降水量通过影响 5～10cm 土壤含水量和相对湿度进而间接影响 $CH_4$ 通量。环境因素

可能引起 $CH_4$ 通量运输途径的改变，也有可能是不同植被类型影响 $CH_4$ 通量对环境的依赖性（Butterbach-Bahl et al., 1997; Aulakh et al., 2001）。

总之，生态系统具有多样性和复杂性，$CH_4$ 又是痕量气体，其源汇还存在不确定性，需要在气候变化及测量精度方面深入探讨。

## 10.4 小　　结

生态系统 $CH_4$ 通量和不同水热因子的关系在不同季节存在差异。$CH_4$ 通量与温度在春季、夏季和秋季呈显著线性相关关系，其中，在春季呈负相关，在夏季和秋季呈正相关；且大气温度对白天的 $CH_4$ 通量影响比对夜间的大；$CH_4$ 通量与净辐射和光合有效辐射在夏季、秋季和冬季呈显著正相关，春季不显著。

降水量对 $CH_4$ 通量影响过程比较复杂。降水持续时间对 $CH_4$ 通量有显著影响。连续降雨 5 天以上，在日尺度上降水量对 $CH_4$ 通量的影响有明显的滞后现象，进而改变 $CH_4$ 通量日尺度源/汇格局。受降水影响，不同年份生态系统 $CH_4$ 通量有明显差异。

净辐射通过大气温度、$5\sim10cm$ 土壤温度与土壤含水量而间接影响生态系统 $CH_4$ 通量。降水量通过影响相对湿度与 $5\sim10cm$ 土壤含水量而间接影响生态系统 $CH_4$ 通量。

## 参 考 文 献

陈茜. 2014. 不同种植年限茶园土壤温室气体的排放研究. 武汉: 华中农业大学硕士学位论文.
刘春, 张春辉, 李秀梅. 2011. 脉冲降雨-蒸发对土壤湿度影响的动力机制分析. 高原山地气象研究, 31(2): 59-62.
刘功辉. 2014. 米槠天然林土壤温室气体排放通量及其耦合关系. 福州: 福建师范大学硕士学位论文.
卢兰. 2009. 三峡库区几种土地利用方式土壤 $CH_4$ 通量及其影响因素研究. 武汉: 华中农业大学硕士学位论文.
王颖. 2009. 东北典型森林生态系统温室气体释放规律研究. 哈尔滨: 东北林业大学硕士学位论文.
周存宇, 周国逸, 王迎红, 等. 2006. 鼎湖山主要森林生态系统地表 $CH_4$ 通量. 生态科学, 25: 289-293.
庄静静. 2016. 华北低山丘陵区刺槐林土壤甲烷通量变化特征及其影响机制. 北京: 中国林业科学研究院博士学位论文.
Aulakh M S, Wassmann R, Bueno C, et al. 2001. Impact of root exudates of different cultivars and plant development stages of rice (*Oryza sativa* L.) on methane production in a paddy soil. Plant and Soil, 230(1): 77-86.
Ball B C, Dobbie K E, Parker J P, et al. 1997. The influence of gas transport and porosity on methane oxidation in soils. Journal of Geophysical Research-Atmosphere, 102: 23301-23308.

Bhullar G S, Iravani M, Edwards P J, et al. 2013. Methane transport and emissions from soil as affected by water table and vascular plants. BMC Ecology, 13(1): 1-9.

Butterbach-Bahl K, Papen H, Rennenberg H. 1997. Impact of gas transport through rice cultivars on methane emission from rice paddy fields. Plant Cell and Environment, 20(9): 1175-1183.

Castro M S, Steudler P A, Melillo J M, et al. 1995. Factors controlling atmospheric methane consumption by temperate forest soils. Global Biogeochemical Cycles, 9(1): 1-10.

Keppler F, Hamilton J T G, Mcroberts W C, et al. 2008. Methoxyl groups of plant pectin as a precursor of atmospheric methane: evidence from deuterium labelling studies. New Phytologist, 178(4): 808-814.

Kitaoka S, Sakata T, Koike T, et al. 2007. Methane emission from leaves of Larch, Birch and Oak saplings grown at elevated $CO_2$ concentration in Northern Japan-preliminary study. Journal of Agricultural Meteorology, 63(4): 201-206.

Maier M, Machacova K, Lang F, et al. 2018. Combining soil and tree-stem flux measurements and soil gas profiles to understand $CH_4$ pathways in *Fagus sylvatica* forests. Journal of Plant Nutrition and Soil Science, 181(1): 31-35.

Nakai T, Hiyama T, Petrov R E, et al. 2020. Application of an open-path eddy covariance methane flux measurement system to a larch forest in eastern Siberia. Agricultural and Forest Meteorology, 282-283: 107860.

Ni X, Groffman P. 2018. Declines in methane uptake in forest soils. Proceedings of the National Academy of Sciences, 115(34): 8587-8590.

Pangala S R, Hornibrook E R C, Gowing D J G, et al. 2015. The contribution of trees to ecosystem methane emissions in a temperate forested wetland. Global Change Biology, 21(7): 2642-2654.

Plain C, Ndiaye F K, Bonnaud P, et al. 2019. Impact of vegetation on the methane budget of a temperate forest. New Phytologist, 221(3): 1447-1456.

Praeg N, Schwinghammer L, Illmer P. 2019. *Larix decidua* and additional light affect the methane balance of forest soil and the abundance of methanogenic and methanotrophic microorganisms. FEMS Microbiology Letters, 366(24): fnz259.

Sakabe A, Hamotani K, Kosugi Y, et al. 2012. Measurement of methane flux over an evergreen coniferous forest canopy using a relaxed eddy accumulation system with tuneable diode laser spectroscopy detection. Theoretical and Applied Climatology, 109(1): 39-49.

Schimel J P. 1995. Plant transport and methane production as controls on methane flux from arctic wet meadow tundra. Biogeochemistry, 28(3): 183-200.

Ueyama M, Takai Y, Takahashi Y, et al. 2013. High-precision measurements of the methane flux over a larch forest based on a hyperbolic relaxed eddy accumulation method using a laser spectrometer. Agricultural and Forest Meteorology, 178: 183-193.

Wang J M, Murphy J G, Geddes J A, et al. 2013. Methane fluxes measured by eddy covariance and static chamber techniques at a temperate forest in central Ontario, Canada. Biogeosciences Discussions, 10(6): 4371-4382.

Wong G X, Hirata R, Hirano T, et al. 2018. Micrometeorological measurement of methane flux above a tropical peat swamp forest. Agricultural and Forest Meteorology, 256-257: 353-361.

Zenone T, Zona D, Gelfand I, et al. 2016. $CO_2$ uptake is offset by $CH_4$ and $N_2O$ emissions in a poplar short-rotation coppice. GCB Bioenergy, 8(3): 524-538.

# 彩　　图

图 1.1　通量观测塔周边植被

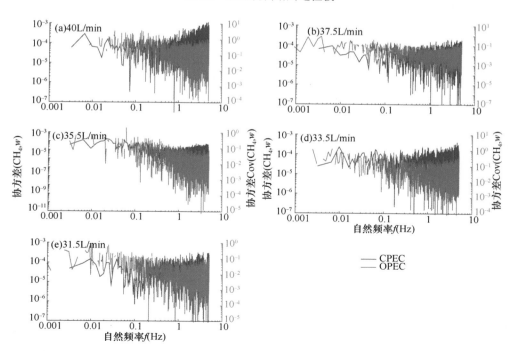

图 2.7　CPEC 系统在不同流速下相对于 OPEC 系统最大协方差决定延迟时间

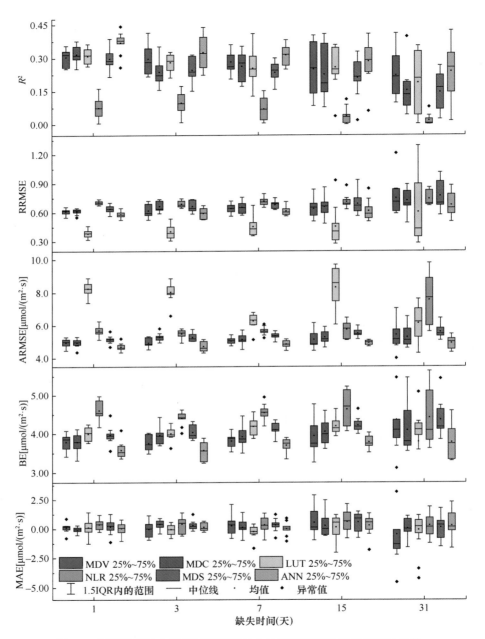

图 3.1 不同数据缺失情景下不同插补方法所得日间数据集的统计参数

$R^2$ 为插补所得 NEE 与实测 NEE 的决定系数、RRMSE 为相对均方根误差、ARMSE 为绝对均方根误差、BE 为偏差、MAE 为平均绝对误差。MDV 为固定窗口平均日变化法、MDC 为可变窗口平均日变化法、LUT 为查表法、NLR 为非线性回归法、MDS 为边际分布采样法、ANN 为人工神经网络法、IQR 为四分位距。下同

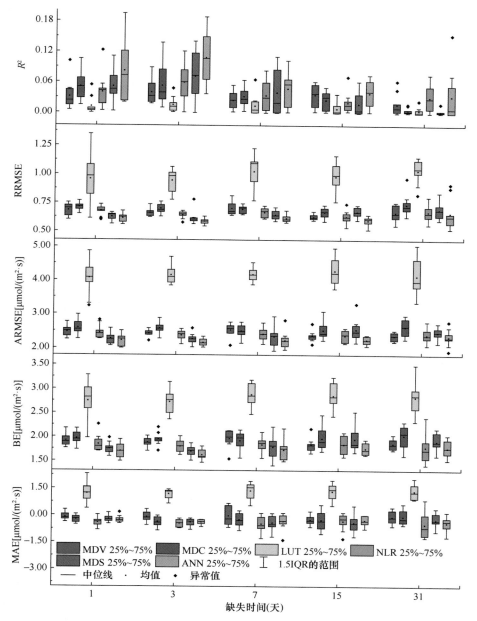

图 3.2 不同数据缺失情景下不同插补方法所得夜间数据集的统计参数

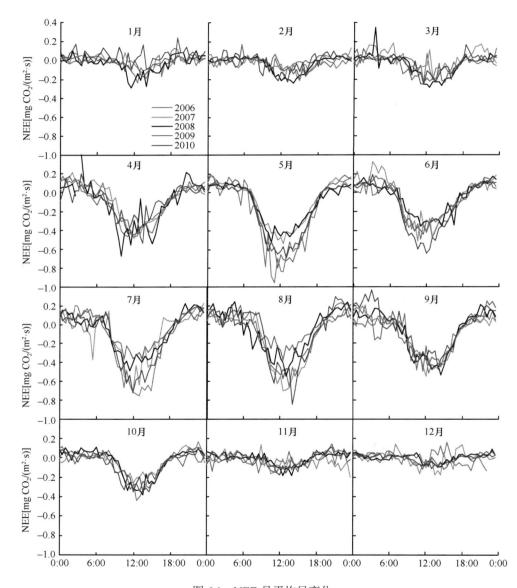

图 6.1 NEE 月平均日变化